生产安全事故应急救援培训教材

危险化学品生产事故应急救援

中海油安全技术服务有限公司　组织编写

孙玉叶　刘　键　任登涛　编著

气象出版社
China Meteorological Press

内容简介

本书是《生产安全事故应急救援培训教材》丛书之一，系统阐述了危险化学品安全生产的基础知识、法律法规和标准规范，在分析危险化学品生产过程危险性的基础上，详细介绍了有关安全防护要求及事故急救常识，以及危险化学品生产事故应急救援工作流程及装备，并相应配有大量典型事故案例。书末附有《危险化学品应急救援管理人员培训及考核要求》（AQ/T 3043—2013）全文。

本书内容全面，实用性突出，可供生产经营单位应急管理、应急救援及相关从业人员培训使用，也可供政府安全生产监管人员、企业安全生产管理人员和从业人员阅读参考。

图书在版编目（CIP）数据

危险化学品生产事故应急救援/孙玉叶，刘键，任登涛编著. —北京：气象出版社，2018.11（2019.6重印）

生产安全事故应急救援培训教材

ISBN 978-7-5029-6602-7

Ⅰ．①危… Ⅱ．①孙… ②刘… ③任… Ⅲ．①化工产品-危险物品管理-安全培训-教材 Ⅳ．①TQ086.5

中国版本图书馆 CIP 数据核字（2017）第 166859 号

Weixian Huaxuepin Shengchan Shigu Yingji Jiuyuan
危险化学品生产事故应急救援

出版发行：气象出版社
地　　址：北京市海淀区中关村南大街 46 号　　邮政编码：100081
电　　话：010-68407112（总编室）　010-68408042（发行部）
网　　址：http://www.qxcbs.com　　E - mail：qxcbs@cma.gov.cn
策　　划：彭淑凡　张树军
责任编辑：彭淑凡　　　　　　　　　　　终　审：张　斌
责任校对：王丽梅　　　　　　　　　　　责任技编：赵相宁
封面设计：楠竹文化
印　　刷：三河市百盛印装有限公司
开　　本：889 mm×1194 mm　1/32　　印　张：7.5
字　　数：216 千字
版　　次：2018 年 11 月第 1 版　　　　印　次：2019 年 6 月第 2 次印刷
定　　价：35.00 元

《生产安全事故应急救援培训教材》
编审委员会

顾　　问：相桂生

编写委员会

主　　任：李　翔

副 主 任：赵兰祥　王　伟　章　焱　杨东棹　陈　戎
　　　　　郑　珂　刘怀增　钱立峰　王　勇　王明阶

委　　员（按姓氏笔画排序）：

王旭旭　王国弘　王洪亮　吕长龙　朱荣东
任登涛　关　欣　杨立军　宋　杰　宋　超
张春阳　张树军　陈红新　孟　于　高立伟
粟　驰　焦权声　谭志强　熊　亮　薛立勇

审定委员会

主　　任：王　伟

副 主 任：任登涛

委　　员（按姓氏笔画排序）：

马　林　马海峰　王　琛　王　超　王　辉
王大勇　王建文　王新军　王熙龙　付　军
刘　杰　刘　亮　刘伟帅　刘莉峰　衣勇磊
许朝旭　苏长春　杨　轶　杨德兴　何四海
余红丽　张绍广　陈　强　苗玉超　依　朗
赵明杰　侯宝刚　耿铁兵　徐瑞祥　黄远磊

丛书主编：赵正宏

本册编著：孙玉叶　刘　键　任登涛

序

在党中央、国务院的高度重视下，在各地区、各部门和各单位的共同努力下，全国安全生产形势持续稳定好转，全国生产安全事故起数和死亡人数已连续 14 年实现"双下降"。但安全生产形势依然严峻复杂，事故总量仍然很大，重特大事故时有发生。在做好事故预防、防范事故发生的同时，必须开展及时、有效的应急救援，避免事故蔓延扩大，减少人员伤亡和财产损失。

近年来，我国安全生产应急救援体制建设成效显著，国家成立了国家安全生产应急救援的专门工作机构，全国 32 个省级、304 个市级、1133 个县级政府和单位建立了应急管理工作机构，54 家中央企业建立了应急管理组织，建立了覆盖各行业、领域的五级安全生产应急预案体系；国家、地方、企业专兼职安全生产应急救援队伍体系基本建成，安全生产应急救援能力显著提升。

安全生产应急救援法制建设持续推进。2007 年颁布的《突发事件应对法》对包括生产安全事故在内的各种突发事件的预防与应急准备、监测与预警、应急处置与救援、事后恢复与重建等应对活动作出了规定。2014 年新修订的《安全生产法》对事故应急救援作出了专门的规定。经过多年的努力，《生产安全事故应急条例》也将颁布实施。依据有关法规，生产经营单位应当制定本单位生产安全事故应急救援预案，并定期组织演练，保证从业人员接受安全生产教育和培训，熟悉应急职责、应急程序和岗位应急处置方案。

为满足中央企业加强应急救援队伍建设的要求，提升生产经营单位应急响应水平，增强应急救援人员综合能力和高危行业员工应急行动能力与自救互救能力，中海油安全技术服务有限公司（原"海洋石油培训中心"）在中央国有资本经营预算安全生产保障能力建设专项资金的支持下，建成了功能完善、技术先进的应急救援培训演练基地，成为首批 12 个国家级安全生产应急救援培训与演练示范基地之一。

为更好地发挥应急救援培训演练基地的培训功能,提高应急救援培训演练的效果,中海油安全技术服务有限公司在总结多年培训经验的基础上,组织行业内的专家编写了这套《生产安全事故应急救援培训教材》,包括《应急救援通用基础知识》《应急预案编制与演练》《事故灾难应急救援指挥》《应急救援个体防护装备》《人员应急逃生与急救》《化工火灾应急救援技术》《危险化学品生产事故应急救援》《危险化学品储存与运输事故应急救援》《工业带压堵漏应急技术》《高处作业安全技术与应急救援》《电气作业安全应急技术》《受限空间作业应急救援》《水上应急自救与搜救》《能量隔离与应急救援》14 个分册。

本套书将应急理论与教学实践相结合,设计了具有针对性的典型事故模拟场景训练,并将模拟仿真和实战训练相结合、实际演练和应急指挥相结合,有利于全面提升应急救援培训的效果。本套书的宗旨在于根据石油石化行业的事故特点,训练有关人员掌握在高风险作业、易燃易爆、有毒有害气体等恶劣的作业环境下,对于石油石化行业典型事故的快速应急响应能力、准确得当的现场处置能力、事故控制和现场恢复等能力。

本套书涉及预案编写、应急指挥、火灾扑救、事故救援等方面,可广泛应用于海洋石油勘探开发、工程建造、油气生产、危化品储存与运输、炼油、石油化工等领域,尤其适合海洋石油钻井、油气生产、海洋工程、危化品运输及炼化、石油化工等领域应急救援队员、危险作业场所安全管理人员和从业人员进行专业知识与技能培训。

生命至上,安全无小事。希望本套书的推广和应用,能使有关生产经营单位提高应急救援能力,起到减少事故损失、保护人民生命财产安全、促进社会和谐稳定的积极作用。

国家安全生产监督管理总局政策法规司司长 罗云宇

2017 年 6 月

前　言

　　随着科学技术的进步,工业化进程的迅猛发展,越来越多的危险化学品进入人们的工作及生活,这些危险化学品在给人们工作及生活带来便利的同时,也会因危险化学品自身所具有的危险性,引发诸如危险化学品泄漏、中毒、火灾及爆炸等事故,从而给人们带来灾难。为了避免、减少危险化学品事故对人们的生命健康及安全造成威胁、对人民生命财产造成损失乃至对环境造成破坏,必须熟悉并掌握危险化学品的各种危险特性,以便对其进行安全控制与管理。我们更应该熟悉危险化学品的危害,尤其是危险化学品对人员的伤害性,并在此基础上熟练掌握危险化学品事故应急救援相关知识与技能,以便在事故发生时,能快速、正确、有效地进行事故应急救援,尽可能地消除或控制事故扩大化。

　　基于上述目的,编者在参阅了国家相关法律法规及标准的要求及有关学者在危险化学品事故应急救援方面的研究成果的基础上,结合国内外有关危险化学品事故应急方面的经验与教训,重点在危险化学品的危害及安全控制与管理、危险化学品事故应急避险与急救、危险化学品事故应急救援工作程序及注意事项、危险化学品事故应急救援装备等方面进行了系统的整理编写,以便危险化学品单位及相关从业人员学习,有效提高应对危险化学品事故的能力。

　　本书由常州工程职业技术学院的孙玉叶老师及中海油安全技术服务有限公司的刘键、任登涛同志编写完成。在编写过程中得到了赵正宏耐心细致的指导与帮助。因此在本书完成之际,编者特别感谢赵老师的无私帮助和家人的支持,同时也要感谢本书所列参考文献的所有作者,他们积累的工作成果是本书完成的基础与源泉。

虽然在编写过程中,编者参阅了大量的文献资料,但由于水平有限,书中难免存在不妥之处,敬请读者提出建议及修改意见。

编者

2017 年 5 月

目　　录

第一章 危险化学品事故应急救援概述

第一节 危险化学品安全生产形势

到20世纪末,我国已能生产各种化学产品4万余种(品种、规格),现在国内的一些主要化工产品产量已位于世界前列,如化肥、染料产量位居世界第一;农药、纯碱产量居世界第二;硫酸、烧碱居世界第三;合成橡胶、乙烯产量居世界第四;原油加工能力居世界第四。石油和化学工业已经成为国内工业的支柱产业之一。随着经济的发展与科学的进步,石油和化学工业还将会快速发展。在众多的化学品中,有相当一部分是危险化学品。

目前列入《危险化学品名录》(2015版)的危险化学品有2828种,列入《剧毒化学品目录》(2015版)的剧毒化学品有148种。危险化学品领域涉及化工、化学制药、选矿、冶金、轻工、食品、造纸、农药、自来水处理等众多行业,与人民群众生活密切相关。危险化学品具有易燃、易爆、有毒、有腐蚀性等危险特性,在生产(废弃处置)、储存、运输、使用过程中,如果安全措施不当,就会对人(包括生物)、设备、环境造成损害。

改革开放以来,随着经济建设和社会需求的增长,我国化学工业在迅猛发展的同时,危险化学品事故也频频发生,尤其是重特大事故发生,造成了大量的人员伤亡和财产损失,安全生产形势依然严峻。

以下是近几年在危险化学品生产过程中发生过的影响较大的安全事故。

——2005年11月13日,中国石油天然气股份有限公司吉林石化分公司双苯厂硝基苯精制岗位外操人员违反操作规程导致硝基苯精馏塔发生爆炸,造成8人死亡,60人受伤,直接经济损失6908万元,并造成松花江水污染事件,引发不良的国际影响。

——2007年5月11日,中国化工集团公司沧州大化TDI有限责任公司 TDI 车间硝化装置发生爆炸事故,造成 5 人死亡,80 人受伤,厂区内供电系统严重损坏,附近村庄几千名群众疏散转移。

——2008 年 8 月 26 日,广西河池市维尼纶厂有机车间发生爆炸事故,共造成 20 人死亡。

——2012 年 2 月 28 日,河北省石家庄市赵县克尔化工厂硝酸胍车间发生爆炸,造成 25 人死亡,46 人受伤。

——2014 年 4 月 16 日,江苏南通双马化工有限公司发生粉尘爆炸事故,造成 8 人死亡,9 人受伤(其中 3 人危重,Ⅲ度烧伤分别达到91％、96％、98％)。

在李健等撰写的《2011—2013 年我国危险化学品事故统计分析及对策研究》中,危险化学品事故在其生产、运输、储存、销售、使用和废弃等六大环节中的事故起数及致死人数分布如图 1-1 所示。

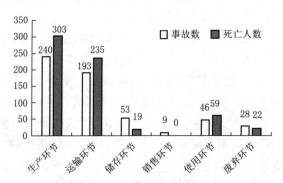

图 1-1　2011—2013 年危险化学品六大环节事故分析

从图中可以看出,2011—2013 年我国发生的危险化学品事故中,生产和运输两个环节的事故数量最多,其事故数量与死亡人数分别占总数的 76.1％和 84.3％。这是由于生产环节与运输环节是危险化学品行业相对重要的两个环节,石油和化工行业多数半成品都有一定的危险性,并广泛存在于生产和运输环节。另外,生产环节涉及操作较多,作业复杂程度远大于其他环节,这使得生产环节的事故数量与死亡人数均大于其他环节。

在生产环节中,主要事故类型是爆炸、泄漏、火灾等,具体百分比如图 1-2 所示，从图中可以看出，爆炸事故数量占生产环节事故的40％，这是因为在生产环节中存在大量的压力容器，事故发生后更容易发生物理爆炸。

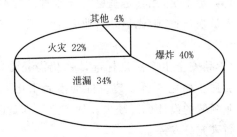

图 1-2　生产环节事故百分比

历史上发生的惨痛的危险化学品安全生产事故，时刻对危险化学品安全生产监管工作敲响着警钟。

我国高度重视危险化学品的安全生产工作。近年来，采取了一系列强化危险化学品安全监管的措施，全国危险化学品安全生产形势呈现出稳定好转的发展态势。但我国化工行业（危险化学品生产企业、使用危险化学品用于化工生产和化学制药）起步晚，基础差，造成大部分危险化学品从业单位工艺落后，设备陈旧、简陋，自动化控制水平低，管理和操作人才缺乏，安全生产基础薄弱，安全生产水平不高。同时，我国危险化学品安全监管的有关法律、法规、标准尚不健全，安全监管力量不足，以致危险化学品事故总量居高不下，重特大事故时有发生，安全生产形势依然严峻。危险化学品事故具有扩散影响范围大，后果严重，社会放大效应明显，容易引发局部社会不稳定等特点。特别是当前，我国工业化、市场化、城镇化、国际化、信息化进程明显加快，危险化学品生产装置大型化和城镇人口密集化的趋势非常明显，使得发生重大以上危险化学品事故的概率增加。

目前我国危险化学品安全生产存在的主要问题有：

（1）危险化学品企业安全生产基础依然薄弱，安全保障能力不足。我国危险化学品生产企业中绝大部分为中小化工企业，大部分中小化工企业安全投入不足，设备老化陈旧，工艺技术落后，本质安全水平低;安全生产责任制度不健全,安全管理水平参差不齐,懂化工、会管理的专业技术人才缺乏。

(2)危险化学品安全生产监管体制机制尚需进一步完善。危险化学品安全监管力量不足,尤其是基层安全监管机构不健全,专业安全监管和执法人员缺乏;危险化学品行业安全管理缺失,安全监管存在薄弱环节。

(3)危险化学品安全生产法规标准体系仍需完善,技术标准制/修订工作亟待加强。如化工行业建设标准落后于化工技术进步,新型煤化工等行业领域的设计标准缺失。地方立法在危险化学品安全生产中的作用尚未充分发挥。

(4)危险化学品安全生产技术支撑能力不足。危险化学品安全生产领域先进适用的新技术、新装备、新工艺推广应用力度不够。行业组织、中介机构以及专家队伍在危险化学品安全生产和应急救援中发挥的作用不突出。有关化工园区一体化管理、部分危险化工工艺的安全生产关键技术研究尚需加强。危险化学品安全生产信息化水平较低。

(5)化工行业安全规划制定和实施工作进展迟缓。全国尚有一半以上的省(区、市)、市(地),以及80%以上有化工企业的县(市、区)没有制定化工行业安全发展规划。部分化工园区总体规划、布局不尽合理,园区企业准入门槛低。部分地区煤化工、光气类建设项目发展无序。

(6)公众的危险化学品安全意识和应急能力亟待提高。危险化学品使用范围越来越广泛,涉及日常生产生活的各个方面。公众缺少安全使用和处置危险化学品的基本知识,缺乏安全意识和应对能力,由于错误使用危险化学品导致的化学灼伤、化学中毒等人身伤害事故时有发生。

随着我国经济不断发展,危险化学品的生产经营将呈现以下几方面的发展态势。

(1)危险化学品企业数量越来越多,化学品危险源数量将大大增加,发生事故的可能性也在增加。

（2）危险化学品企业规模越来越大，特别是化学品生产过程中自动化和连续化程度提高，设备要求严格，工艺条件苛刻，生产经营过程中能量储备呈几何级数增加，一旦发生事故其后果难以估量。

（3）新工艺、新设备、新产品不断出现，必然会带来一些影响安全生产的新问题。

同时，相当一部分危险化学品企业尤其是中小企业安全投入不足、安全管理基础薄弱和从业人员素质不高等。这些问题，在短期内难以根本改变，决定了今后较长一个时期内我国危险化学品事故发生的可能性及事故后果的严重性将大大增加，安全形势不容乐观。为此，危险化学品的安全管理与事故应急救援是我国目前安全生产工作的一项重要任务，必须对危险化学品企业加强管理，制定详细可操作的规程、制度、标准、方案，以此来规范危险化学品的生产、使用、储存、运输，为国民经济的迅速发展和人民生活水平的不断提高以及环境保护作出应有的贡献。

第二节　危险化学品事故应急救援现状

一、国外危险化学品事故应急救援工作现状

20世纪中叶，伴随着工业的迅速发展和气象条件的变化，生产事故、自然灾害的发生对生产、生活甚至社会稳定产生了越来越严重的影响，工业发达国家率先开始大力开展应急救援工作。在政府、企业的高度重视和支持下，应急救援工作得到了迅速的发展，积累了丰富的实践经验，并在此基础上，取得了一系列的理论成果，譬如应急救援预案的编制，应急救援体系的建立等。

进入20世纪90年代以后，工业发达国家和一些发展中国家都建立了符合本国特点的应急救援体系，包括建立了国家统一指挥的应急救援协调机构，拥有精良的应急救援装备、充足的应急救援队伍、完善的工作运行机制。应急救援成为工业发达国家维护社会稳定、保障经济发展、提高人民生活质量的重要保障，成为维持国家管理能够正常运行的重要支撑体系之一。例如，美国、日本及欧盟成员

国等国家都已经建立了运行良好的应急救援管理体制,包括应急救援法规、管理机构、指挥系统、应急队伍、资源保障和公民知情权等,形成了比较完善的应急救援系统,并且逐渐向建立标准应急管理系统方向发展,使整个应急管理工作更加科学、规范和高效。

美国在 20 世纪 70 年代以前,应急工作采用的是地方政府各自为战、社会救援力量和国家救援力量并存。由于体制上的不顺畅,一旦发生突发事件时,很难把这些救援力量统一协调起来,使国家应对危机的能力受到很大的限制。自 1979 年,美国通过立法,将全国 100 多个联邦应急机构的职能进行统一,成立了联邦应急管理局(FEMA),接管联邦保险局、国家火灾预防和控制管理局、国家气象服务组织、联邦灾害管理局的一些工作。联邦应急管理局是一个独立的、直接向总统负责的机构,下设国家应急反应队,由 16 个与应急救援有关的联邦机构组成,实施应急救援工作,联邦和州均设有应急救援委员会,负责指挥和协调工作。2001 年,联邦应急管理局有工作人员 2600 余名,另有 5000 多名灾害预备人员,当年财政预算约 36 亿美元,其中应急资金约 26 亿美元。联邦应急管理局在应对各类重大事故或突发事件中发挥了重要作用。在"9·11"事件之后,美国进一步加强、改善了国家应急救援的工作体制和机制,成立了国土安全部,全面负责事关国家安全的应急事务,同时大幅增加了财政投入,使其应对社会危机的能力得到增强。

为了做好化学事故应急救援工作,美国从 1968 年就开始实施 NCP(National Contingency Plan)计划。在随后颁布的《清洁水法案》(CWA)、《超基金法案》(CERCLA)、《油料污染法案》(OPA)、《清洁空气法案》(CWW)等法律、法规中,明确提出了化学事故应急救援工作的规定和要求。按照法律、法规的规定,美国联邦政府、州政府、地方政府和企业联合建立了化学事故应急救援体系,整个体系由美国联邦政府设立的国家应急响应中心(NRC)统一协调管理。在这一体系中,从企业到地方再到国家,都制定了不同级别的化学事故应急救援计划(即所谓的化学事故应急救援预案),建立了国家应急响应队(National Response Team)、地区应急响应队(Regional Response

Team）和联邦现场协调员（Federal On-Scene Coordinators），不但赋予了联邦政府机构处理化学事故的权力和责任，而且还建立了很多资金资助体系，补偿州政府、地方政府在应急救援活动中的开支，保障了化学事故救援工作的开展。

为了应对处理包括化学事故在内的各种紧急情况（包括自然灾害、国家安全等），加拿大联邦政府在 1988 年就开始实施了《紧急情况法案》（Emergencies Act）和《紧急情况计划法案》（Emergency Preparedness Act）。根据这两部法案的规定，加拿大政府建立了从联邦政府到省级政府、地方政府和企业的紧急情况管理体系（Emergency Management System）。在这一体系中，加拿大联邦政府和省级政府、地区及地方政府开展广泛合作，同时还积极寻求企业救援力量、志愿组织的参与、支持。

1979 年，加拿大运输部就设立了运输紧急中心（CANUTEC），该中心的 24 小时应急电话能够及时向化学事故现场提供应急处理方面的信息、技术支持。加拿大化学品制造商、运输商还建立了多个服务全国的应急救援组织，包括化学品运输紧急援助计划（TEAP）、加拿大液化气体应急响应集团（LPGER）、化学品运输社区须知及紧急响应（TRANSCAE）等。此外，加拿大联邦设有两个重要的应急活动基金：紧急情况联合筹备计划（JEPP）和灾害救济计划（DFAA）。这些基金组织对促进加拿大应急响应体系的完善和正常运作，对加拿大化学事故应急救援都起到了重要作用。

总之，经过多年的发展，应急救援已经在世界范围内得到了广泛的认同，不仅是工业发达国家，就是一些发展中国家，应急救援工作也发展到了较为完善的程度，已逐步形成了较为科学的化学事故应急救援体系，尤其是欧美等发达国家大都建立了责任明确、响应快捷并符合自己国家特点的应急体系。如美国的应急救援体系以"发挥各部门专长"为其特色，首先由各州和地方政府对自然灾害等紧急事件做出最初反应，如果超出地方范围则由总统宣布实施"联邦应急方案"。该方案将应急工作细分为交通、通信、消防、大规模救护、卫生医疗服务、有害物质处理等 12 个职能。每个职能由特定机构领导，并指定若干辅助机构。这种组织结构方式使执行各职能的领导机构专长得到发挥，在遇到不同灾害及紧急事件时，可视情况启动全部或部分职能模块。日本的应急救援体系以"政府集中指挥"为其特色，建立了以内阁首相为危机管理最高指挥官的危机管理体系，负责全国的危机管理体系。然后根据不同的危机类别如安全保障会议、中央防灾会议、紧急召集对策小组等。欧盟国家国际性的化学事故应急救援行动由欧洲化学工业委员会下属的欧洲化学品制造商联合会委员会（CEFIC）组织实施，通过推行国际化学品环境计划 ICE 计划（International Chemical Environment），在欧盟国家内部和欧盟国家之间建立了运输事故应急救援网络。在这个"网络"的运作下，当欧盟范围内欧盟国家的产品发生事故时，都能得到有效的"救助"，从而使运输事故的危害在欧盟国家降到最低。目前，通过 CEFIC 组成国际性的应急网络，10 个欧盟国家的化工协会都是 CEFIC 的成员，CEFIC 已拥有 2000 多家成员企业。CEFIC 的成员企业覆盖了整个欧盟地区。

综观国外发达国家的应急救援体系，有以下特点：

（1）建立了国家统一指挥的应急救援协调机构；

（2）拥有精良的应急救援装备；

（3）拥有充足的应急救援队伍；

（4）具备完善的工作运行机制。

二、我国危险化学品事故应急救援工作现状

1. 危险化学品应急救援体制机制不断建立健全

在我国化学工业建设的初期，我国就已经开始了化学事故救援工作，不过那时仅仅是以抢救伤员为主。1991 年，上海市颁布了《上海市化学事故应急救援办法》，建立了我国第一个地方性化学事故应急救援体系，并在实际应用中取得了良好的效果，1994 年原化学工业部根据有关法律法规颁布了《化学事故应急救援管理办法》；1995年成立了"全国氯气泄漏事故工程抢险网"，颁布了《氯气泄漏事故工程抢险管理办法》；1996 年，原化学工业部与国家经贸委联合组建了

化学事故应急救援系统,该系统由化学事故应急救援指挥中心、化学事故应急救援指挥中心办公室和 8 个化学事故应急救援抢救中心等组成。

随着国家安全生产监督管理局、国家安全生产监督管理总局的成立,危险化学品安全监管均设置了专门的监管部门,危险化学品应急救援也得到了一定程度的加强。2006 年,国家安全生产应急救援指挥中心的成立,对危险化学品事故救援从队伍建设、装备建设、预案编制、教育培训、基地规划、法规标准等进行了全方位的推进。2008 年,国务院应急办的成立,再次进行了强力推进,危险化学品事故救援从体制、机制方面不断建立健全。随着 2018 年应急管理部的成立,体制机制建设进一步迈上科学化、集约化、高效化的发展道路。

2. 危险化学品应急救援法律法规建设逐步健全

《中华人民共和国安全生产法》规定:

第十八条　生产经营单位的主要负责人对本单位安全生产工作负有下列职责:

……

(六)组织制定并实施本单位的生产安全事故应急救援预案;

……

第三十七条　生产经营单位对重大危险源应当登记建档,进行定期检测、评估、监控,并制定应急预案,告知从业人员和相关人员在紧急情况下应当采取的应急措施。

生产经营单位应当按照国家有关规定将本单位重大危险源及有关安全措施、应急措施报有关地方人民政府负责安全生产监督管理的部门和有关部门备案。

第五章　生产安全事故的应急救援与调查处理

第七十六条　国家加强生产安全事故应急能力建设,在重点行业、领域建立应急救援基地和应急救援队伍,鼓励生产经营单位和其他社会力量建立应急救援队伍,配备相应的应急救援装备和物资,提高应急救援的专业化水平。

国务院安全生产监督管理部门建立全国统一的生产安全事故应

急救援信息系统,国务院有关部门建立健全相关行业、领域的生产安全事故应急救援信息系统。

　　第七十七条　县级以上地方各级人民政府应当组织有关部门制定本行政区域内生产安全事故应急救援预案,建立应急救援体系。

　　第七十八条　生产经营单位应当制定本单位生产安全事故应急救援预案,与所在地县级以上地方人民政府组织制定的生产安全事故应急救援预案相衔接,并定期组织演练。

　　第七十九条　危险物品的生产、经营、储存单位以及矿山、金属冶炼、城市轨道交通运营、建筑施工单位应当建立应急救援组织;生产经营规模较小的,可以不建立应急救援组织,但应当指定兼职的应急救援人员。

　　危险物品的生产、经营、储存、运输单位以及矿山、金属冶炼、城市轨道交通运营、建筑施工单位应当配备必要的应急救援器材、设备和物资,并进行经常性维护、保养,保证正常运转。

　　《危险化学品安全管理条例》(国务院令第591号)规定:

　　第三十条　申请危险化学品安全使用许可证的化工企业,除应当符合本条例第二十八条的规定外,还应当具备下列条件:

　　……

　　(三)有符合国家规定的危险化学品事故应急预案和必要的应急救援器材、设备;

　　……

　　第三十四条　从事危险化学品经营的企业应当具备下列条件:

　　……

　　(五)有符合国家规定的危险化学品事故应急预案和必要的应急救援器材、设备;

　　……

　　第五十七条　通过内河运输危险化学品,应当使用依法取得危险货物适装证书的运输船舶。水路运输企业应当针对所运输的危险化学品的危险特性,制定运输船舶危险化学品事故应急救援预案,并为运输船舶配备充足、有效的应急救援器材和设备。

第五十九条　用于危险化学品运输作业的内河码头、泊位应当符合国家有关安全规范，与饮用水取水口保持国家规定的距离。有关管理单位应当制定码头、泊位危险化学品事故应急预案，并为码头、泊位配备充足、有效的应急救援器材和设备。

第六十六条　国家实行危险化学品登记制度，为危险化学品安全管理以及危险化学品事故预防和应急提供技术、信息支持。

第六十九条　县级以上地方人民政府安全生产监督管理部门应当会同工业和信息化、环境保护、公安、卫生、交通运输、铁路、质量监督检验检疫等部门，根据本地区实际情况，制定危险化学品事故应急预案，报本级人民政府批准。

第七十条　危险化学品单位应当制定本单位危险化学品事故应急预案，配备应急人员和必要的应急救援器材、设备，并定期组织应急演练。

危险化学品单位应当将其危险化学品事故应急预案报所在地设区的市级人民政府安全生产监督管理部门备案。

《使用有毒物品作业场所劳动保护条例》规定：

第十六条　从事使用高毒物品作业的用人单位，应当配备应急救援人员和必要的应急救援器材、设备，制定事故应急救援预案，并根据实际情况变化对应急救援预案适时进行修订，定期组织演练。事故应急救援预案和演练记录应当报当地卫生行政部门、安全生产监督管理部门和公安部门备案。

3. 危险化学品事故应急救援预案体系逐步完善

2006 年 1 月 8 日，国务院发布《国家突发公共事件总体应急预案》，标志着我国应急预案框架体系设计初步形成。

为规范安全生产事故灾难的应急管理和应急响应程序，及时有效地实施应急救援工作，最大限度地减少人员伤亡、财产损失，维护人民群众的生命安全和社会稳定，2006 年 1 月 22 日，国务院颁布《国家安全生产事故灾难应急预案》。

为规范和指导生产经营单位制定和完善应急预案,国家制定了《生产经营单位生产安全事故应急预案编制导则》(GB/T 29639—2013)。国家有关部门和一些省(区、市)也加强了对生产经营单位应急预案编制工作的领导和指导。许多地方将生产经营单位的应急预案编制管理列入了安全监管的重要内容,在核发安全生产许可证、经营许可证等证照和建设项目"三同时"竣工验收中将应急预案编制管理情况作为必查项目,有力地推动了生产经营单位应急预案编制工作的开展。

目前,危险化学品企业的生产安全事故应急预案编制率达到100%,全国危险化学品安全生产应急预案体系基本形成。

4. 应急救援队伍初具规模,救援能力不断提高

由于各地区、各有关部门和生产经营单位,特别是高危行业企业的高度重视,经过多年努力,我国危险化学品应急救援队伍有了一定规模。

危险化学品事故主要依靠企业消防队和消防特勤队伍进行应急救援。此外,在全国按区域组建了8个化学应急救援抢救中心,负责化学事故的医疗抢救。中石化、中石油、中海油和部分大型化工企业建立了自己的化学事故应急救援(消防)队伍。

危险化学品应急救援队伍建设分为国家级危险化学品救援队、骨干队伍、企业队伍等几个层次,其中国家级危险化学品救援队由中央财政与地方、企业等多方共同出资建设,中央财政投资巨大,承担着区域救援的任务。依托大型央企,还建设了一批承担区域救援任务的国家危险化学品应急救援基地。为不断提高危险化学品应急救援队伍的救援能力,救援队伍人员的文化程度要求不断提高,从原来的初中、高中文化程度为主体,逐步升级到高中、大中专为主体,人员文化程度的提高为救援能力的提高奠定了重要基础。同时,不断加强技能培训,通过专业知识培训、应急预案演练、技能比武等多层次、多方位、多形式的培训,提高了救援队伍的科学救援能力,实战能力也大大提高。

第二章 危险化学品安全基础知识

第一节 危险化学品分类及标志

一、危险化学品分类

危险化学品,是指具有毒害、腐蚀、爆炸、燃烧、助燃等性质,对人体、设施、环境具有危害的剧毒化学品和其他化学品(《危险化学品安全管理条例》,2011 年 12 月 1 日起施行)。

GB 6944—2012《危险货物分类和品名编号》、GB 12268—2012《危险货物品名表》按危险货物具有的危险性或最主要的危险性将危险货物分为 9 个类别。第 1 类、第 2 类、第 4 类、第 5 类和第 6 类再分成若干项别。具体如下。

第 1 类 爆炸品

第 1.1 项 有整体爆炸危险的物质和物品;

第 1.2 项 有迸射危险,但无整体爆炸危险的物质和物品;

第 1.3 项 有燃烧危险并有局部爆炸危险或局部迸射危险或这两种危险都有,但无整体爆炸危险的物质和物品;

第 1.4 项 不呈现重大危险的物质和物品;

第 1.5 项 有整体爆炸危险的非常不敏感物质;

第 1.6 项 无整体爆炸危险的极端不敏感物品。

第 2 类 气体

第 2.1 项 易燃气体;

第 2.2 项 非易燃无毒气体;

第 2.3 项 毒性气体。

第 3 类 易燃液体

第 4 类 易燃固体、易于自燃的物质、遇水放出易燃气体的物质

第 4.1 项 易燃固体;

第4.2项 易于自燃的物质；

第4.3项 遇水放出易燃气体的物质。

第5类 氧化性物质和有机过氧化物

第5.1项 氧化性物质；

第5.2项 有机过氧化物。

第6类 毒性物质和感染性物质

第6.1项 毒性物质；

第6.2项 感染性物质。

第7类 放射性物质

第8类 腐蚀性物质

第9类 杂项危险物质和物品(包括危害环境物质)

二、危险化学品安全标志

1.危险化学品安全标志

危险化学品安全标志是通过图案、文字说明、颜色等信息，鲜明、简洁地表征危险化学品的危险特性和类别，向作业人员传递安全信息的警示性资料。

依据《危险货物分类和品名编号》(GB 6944—2012)和《化学品分类和危险性公示　通则》(GB 13690—2009)两个国家标准，危险化学品按照其危险性划分为9类21项(见图2-1)，危险化学品标志用于危险化学品的包装标识。

危险化学品的安全标志设有主标志和副标志(见图2-2)。主标志是由表示危险特性的图案、文字说明、底色和危险品类别号四个部分组成的菱形标志。副标志是由表示危险特性的图案、文字说明、底色三部分组成的菱形标志，图形中没有危险品类别号。当一种危险化学品具有一种以上的危险性时，应用主标志表示主要危险性，用副标志表示重要的其他危险类别。

标志的尺寸、颜色及印刷必须按照国家标准规定执行。标志可以用粘贴、钉附及喷涂等方法标打在包装上。标志由生产单位在货物出厂前标打，出厂后如果改换包装，其标志由改换包装单位标打，

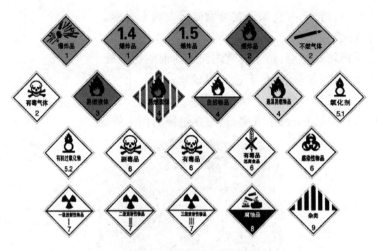

图 2-1　危险化学品标志

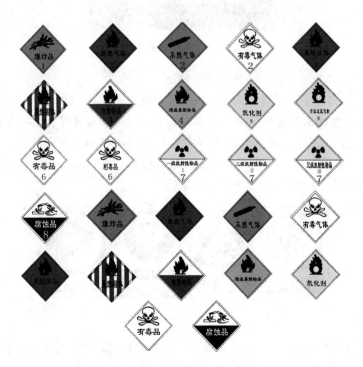

图 2-2　常用危险化学品安全标志

标志应该清晰,并且保证在货物储运期内不脱落。

标志的位置:

(1)箱状包装:位于包装端面或侧面的明显处;

(2)袋、捆包装:位于包装明显处;

(3)桶形包装:位于桶身或桶盖处(见图 2-3);

(4)集装箱、成组货物:粘贴在包装的四个侧面。

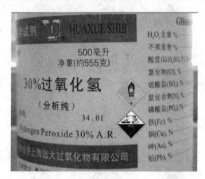

图 2-3   外包装标志位置示例

2.工作场所职业病危害警示标识

2003 年卫生部制定了《工作场所职业病危害警示标识》,用于产生职业病危害的工作场所、设备及产品的标识。标准中包含以下几项标识:图形标识、警示线、警示语句、有毒物品作业岗位职业病危害告知卡。

(1)图形标识   图形标识分为禁止标识、警告标识、指令标识和提示标识(见图 2-4)。

图 2-4   图形标识示例

① 禁止标识——禁止不安全行为的图形,如"禁止入内"标识。

② 警告标识——提醒对周围环境需要注意,以避免可能发生危

险的图形,如"当心中毒"标识。

③ 指令标识——强制做出某种动作或采用防范措施的图形,如"必须戴防毒面具"标识。

④ 提示标识——提供相关安全信息的图形,如"救援电话"标识。

图形标识可与相应的警示语句配合使用,图形、警示语句和文字设置在作业场所入口处或作业场所的显著位置。

在使用有毒物品作业场所的入口或作业场所的显著位置、使用高毒物品作业岗位的醒目位置,应根据需要设置职业病危害警示标识。

(2)警示线　警示线是界定和分隔危险区域的标识线,分为红色、黄色和绿色三种(见表 2-1)。按照需要,警示线可喷涂在地面或制成色带。

表 2-1　警示线标识

名称及图形符号	设置范围和地点
红色警示线	高毒物品作业场所、放射作业场所、紧邻事故危害源周边
黄色警示线	一般有毒物品作业场所、紧邻事故危害区域的周边
绿色警示线	事故现场救援区域的周边

在高毒物品作业场所,设置红色警示线。在一般有毒物品作业场所,设置黄色警示线。警示线设在使用有毒作业场所外缘不少于30 cm 处。

在职业病危害事故现场设置临时警示线,划分出不同功能区。在紧邻事故危害源周边设置红色警示线,只限于佩戴相应防护用具的专业人员进入此区域。黄色警示线设在危害区域的周边,其内外分别是危害区和洁净区,在黄色警示线以内的人员要佩戴适当的防护用具,出入的人员必须进行洗消处理。例如,"非典"流行时期黄色警示线设在救援区域的周边,将救援人员与公众隔离开来。患者的抢救治疗、指挥机构设在此区域内。

(3)警示语句 警示语句是一组表示禁止、警告、指令、提示或描述工作场所职业病危害的词语。警示语句可单独使用,也可与图形标识组合使用。

(4)有毒物品作业岗位职业病危害告知卡 根据实际需要,由各类图形标识和文字组合成《有毒物品作业岗位职业病危害告知卡》(以下简称《告知卡》)。《告知卡》是针对某一职业病危害因素,告知劳动者危害后果及其防护措施的提示卡(见图 2-5)。《告知卡》设置在使用有毒物品作业岗位的醒目位置。

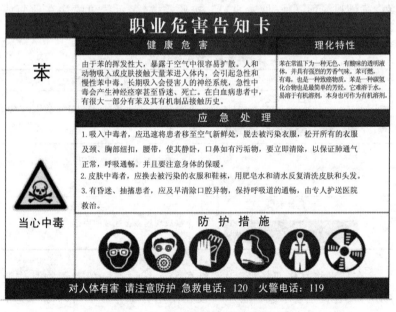

图 2-5 职业危害告知卡示例

第二节 危险化学品危险性分析

一、危险化学品的固有危险性

危险化学品的固有危险性可划分为物理化学危险性、健康危险性和环境污染危险性。

1. 物理化学危险性

(1)爆炸危险性　指危险化学品在明火影响下或是对震动或摩擦比二硝基苯更敏感会产生爆炸。该定义取自危险物品运输的国际标准,用二硝基苯作为标准参考基础。迅速而又缺乏控制的能量释放会产生爆炸。释放能量的形式一般是热、光、声和机械振动等。化工爆炸的能量释放最常见的是化学反应,但是机械能或原子核能的释放也会引起爆炸。

任何易燃的粉尘、蒸气或气体与空气或其他助燃剂混合,在适当条件下点火都会产生爆炸。能引起爆炸的可燃物质有可燃固体、易燃液体的蒸气、易燃气体。可燃物质爆炸的三个要素是可燃物质、空气或任何其他助燃剂、火源或高于着火点的温度。

(2)氧化危险性　指危险物质或制剂与其他物质,特别是易燃物质接触产生强放热反应。氧化性物质依据其作用可分为中性的,如氧化铅等;碱性的,如高锰酸钾、氧等;酸性的,如硫酸等三种类别。绝大多数氧化剂都是高毒性化合物。按照其生物作用,有些可称为刺激性气体,如硫酸等,甚至是窒息性气体,如硝酸烟雾、氯气等。所有刺激性气体,尽管其物理和化学性质不同,直接接触一般都能引起细胞组织表层的炎症。其中一些,如硫酸、硝酸和氟气,可以造成皮肤和黏膜的灼伤;另外一些,如过氧化氢,可以引起皮炎。含有铬、锰和铅的氧化性化合物具有特殊的危险,例如,铬(VI)化合物长期吸入会导致肺癌,锰化合物可以引起中枢神经系统和肺部的严重疾患。

作为氧源的氧化性物质具有助燃作用,而且会增加燃烧强度。由于氧化反应的放热特征,反应热会使接触物质过热,而且各种反应副产物往往比氧化剂本身更具毒性。

(3)易燃危险性　易燃危险性可以细分为极度易燃性、高度易燃性和易燃性三个危险类别。

① 极度易燃性　指闪点低于 0 ℃、沸点低于或等于 35 ℃的危险物质或制剂具有的特征。例如,乙醚、甲酸乙酯、乙醛就属于这个类别。能满足上述界定的还有其他许多物质,如氢气、甲烷、乙烷、乙

烯、丙烯、一氧化碳、环氧乙烷、液化石油气,以及在环境温度下为气态、可形成较宽爆炸极限范围的气体-空气混合物的石油化工产品。

② 高度易燃性 指无需能量,与常温空气接触就能变热起火的物质或制剂具有的特征。这个危险类别包括与火源短暂接触就能起火,火源移去后仍能继续燃烧的固体物质或制剂;闪点低于 21 ℃ 的液体物质或制剂;通常压力下空气中的易燃气体。氢化合物、烷基铝、磷以及多种溶剂都属于这个类别。

③ 易燃性 是指闪点在 21～55 ℃ 的液体物质或制剂具有的特征。包括大多数溶剂和许多石油馏分。

2. 健康危险性

(1)毒性 毒性危险可造成急性或慢性中毒甚至致死,应用试验动物的半数致死剂量表征。毒性反应的大小很大程度上取决于物质与生物系统接受部位反应生成的化学键类型。对毒性反应起重要作用的化学键的基本类型是共价键、离子键和氢键,还有 van der Waals 力(分子间存在着一种只有化学键键能的 $1/10～1/100$ 的弱的作用力,它最早由荷兰物理学家 van der Waals 提出,故称 van der Waals 力)。

(2)腐蚀性和刺激性危险 腐蚀性物质是能够严重损伤活性细胞组织的一类危险物质。一般腐蚀性物质除具有生物危险性外,还能损伤金属、木材等其他物质。刺激性是指危险物质或制剂与皮肤或黏膜直接、长期或重复接触会引起炎症。刺激性的作用对象不包括无生物。虽然腐蚀性作用常引起深层损伤结果,但刺激性一般只有浅表特征,且两者之间并没有明确的界线。

(3)致癌危险性 致癌性是指一些化学危险物质或制剂,通过呼吸、饮食或皮肤注射进入人体会诱发癌症或增加癌变危险。1978 年国际癌症研究机构制定的一份文件宣布有 26 种物质被确认具有致癌性质。随后又有 22 种物质经动物试验被确认能诱发癌变。在致癌物质领域,由于目前人们对癌变的机理还不甚了解,还不足以建立起符合科学论证的管理网络。但是对于物质的总毒性,却可以测出一个浓度水平,在此浓度水平之下,物质不再显示出致癌作用。另外,动物试验结果与对人体作用之间的换算目前在科学上还未解决。

(4)致变危险性　致变性是指一些化学危险物质或制剂可以诱发生物活性。对于具体物质诱发的生物活性的类型，如细胞的、细菌的、酵母的或更复杂有机体的生物活性，目前还无法确定。致变性又称变异性。受其影响的如果是人或动物的生殖细胞，受害个体的正常功能会有不同程度的变化；如果是躯体细胞，则会诱发癌变。前者称为生物变异，可传至后代；后者称为躯体变异，只影响受害个体的一生。

3.环境污染危险性

环境污染危险主要是水质污染和空气污染，是指化学危险物质或制剂在水和空气中的浓度超过正常量，进而危害人或动物的健康以及植物的生长。

环境污染危险是一个不易确定的综合概念。环境污染危险往往是物理化学危险和生物危险的聚结，并通过生物和非生物降解达到平衡。为了评价化学物质对环境的危险，必须进行全面评估，考虑化学物质的固有危险及其处理量，化学物质的最终去向及其散落入环境的程度，化学物质分解产物的性质及其所具有的新陈代谢功能。

二、危险化学品的过程危险性

危险化学品的过程危险性可通过化工单元操作的危险性来体现，主要包括加热、冷却、加压操作、负压操作、冷冻、物料输送、熔融、干燥、蒸发与蒸馏等。

(1)加热　加热是促进化学反应和物料蒸发、蒸馏等操作的必要手段。加热的方法一般有直接火加热(烟道气加热)、蒸汽或热水加热、载体加热以及电加热等。

① 温度过高会使化学反应速度加快，若是放热反应，则放热量增加，一旦散热不及时，温度失控，发生冲料，甚至会引起燃烧和爆炸。

② 升温速度过快不仅容易使反应超温，而且还会损坏设备，例如，升温过快会使带有衬里的设备及各种加热炉、反应炉等设备损坏。

③ 当加热温度接近或超过物料的自燃点时，应采用惰性气体保

护;若加热温度接近物料分解温度,此生产工艺称为危险工艺,必须设法改进工艺条件,如负压或加压操作。

(2)冷却 在化工生产中,把物料冷却在大气温度以上时,可以用空气或循环水作为冷却介质;冷却温度在 15 ℃以上,可以用地下水;冷却温度在 0~15 ℃,可以用冷冻盐水。还可以借某种沸点较低的介质的蒸发从需冷却的物料中取得热量来实现冷却,常用的介质有氟利昂、氨等。此时,物料被冷却的温度可达-15 ℃左右。

① 冷却操作时,冷却介质不能中断,否则会造成积热,系统温度、压力骤增,引起爆炸。开车时,应先通冷却介质;停车时,应先停物料,后停冷却系统。

② 有些凝固点较高的物料,遇冷易变得黏稠或凝固,在冷却时要注意控制温度,防止物料卡住搅拌器或堵塞设备及管道。

(3)加压操作 凡操作压力超过大气压的都属于加压操作。加压操作所使用的设备要符合压力容器的要求,加压系统不得泄漏,否则在压力下物料以高速喷出,产生静电,极易发生火灾爆炸。所用的各种仪表及安全设施(如爆破泄压片、紧急排放管等)都必须齐全好用。

(4)负压操作 负压操作即低于大气压下的操作。负压系统的设备也和压力设备一样,必须符合强度要求,以防在负压下把设备抽瘪。负压系统必须有良好的密封,否则一旦空气进入设备内部,形成爆炸混合物,易引起爆炸。当需要恢复常压时,应待温度降低后,缓缓放进空气,以防自燃或爆炸。

(5)冷冻 在工业生产过程中,蒸汽、气体的液化,某些组分的低温分离,以及某些物品的输送、储藏等,常需将物料降到比水或周围空气更低的温度,这种操作称为冷冻或制冷。

一般说来,冷冻程度与冷冻操作技术有关,凡冷冻范围在-100 ℃以内的称冷冻;而-200~-100 ℃或更低的温度,则称深度冷冻或简称深冷。

① 某些致冷剂易燃且有毒。如氨,应防止致冷剂泄漏。

② 对于制冷系统的压缩机、冷凝器、蒸发器以及管路,应注意耐压等级和气密性,防止泄漏。

（6）物料输送　在工业生产过程中，经常需要将各种原材料、中间体、产品以及副产品和废弃物，由前一个工序输往后一个工序，由一个车间输往另一个车间，或输往储运地点，这些输送过程就是物料输送。

① 气流输送系统除本身会产生故障之外，最大的问题是系统的堵塞和由静电引起的粉尘爆炸。

② 粉料气流输送系统应保持良好的严密性。其管道材料应选择导电性材料并有良好的接地，如采用绝缘材料管道，则管外应采取接地措施。输送速度不应超过该物料允许的流速，粉料不要堆积在管内，要及时清理管壁。

③ 用各种泵类输送易燃可燃液体时，流速过快能产生静电积累，其管内流速不应超过安全速度。

④ 输送有爆炸性或燃烧性物料时，要采用氮、二氧化碳等惰性气体代替空气，以防造成燃烧或爆炸。

⑤ 输送可燃气体物料的管道应经常保持正压，防止空气进入，并根据实际需要安装逆止阀、水封和阻火器等安全装置。

（7）熔融　在化工生产中常常需将某些固体物料（如苛性钠、苛性钾、萘、磺酸等）熔融之后进行化学反应。碱熔过程中的碱屑或碱液飞溅到皮肤上或眼睛里会造成灼伤。碱融物和磺酸盐中若含有无机盐等杂质，应尽量除掉，否则这些无机盐因不熔融会造成局部过热、烧焦，致使熔融物喷出，容易造成烧伤。熔融过程一般在 150～350 ℃下进行，为防止局部过热，必须不间断地搅拌。

（8）干燥　干燥是利用热能使固体物料中的水分（或溶剂）除去的单元操作。干燥的热源有热空气、过热蒸汽、烟道气和明火等。干燥过程中要严格控制温度，防止局部过热，以免造成物料分解爆炸。在过程中散发出来的易燃易爆气体或粉尘，不应与明火和高温表面接触，防止燃爆。在气流干燥中应有防静电措施，在滚筒干燥中应适当调整刮刀与筒壁的间隙，以防止产生火花。

（9）蒸发　蒸发是借加热作用使溶液中所含溶剂不断汽化，以提高溶液中溶质的浓度，或使溶质析出的物理过程。蒸发按其操作压力不同可分为常压、加压和减压蒸发。

凡蒸发的溶液皆具有一定的特性。如溶质在浓缩过程中可能有结晶、沉淀和污垢生成,这些都能导致传热效率的降低,并产生局部过热,促使物料分解、燃烧和爆炸,因此要控制蒸发温度。为防止热敏性物质的分解,可采用真空蒸发的方法,降低蒸发温度,或采用高效蒸发器,增加蒸发面积,减少停留时间。

(10)蒸馏　蒸馏是借液体混合物各组分挥发度的不同,使其分离为纯组分的操作。蒸馏操作可分为间歇蒸馏和连续蒸馏;按压力分为常压、减压和加压(高压)蒸馏。

在安全技术上,对不同的物料应选择正确的蒸馏方法和设备。在处理难于挥发的物料时(常压下沸点在 150 ℃以上)应采用真空蒸馏,这样可以降低蒸馏温度,防止物料在高温下分解、变质或聚合。在处理中等挥发性物料(沸点为 100 ℃左右)时,采用常压蒸馏。对沸点低于 30 ℃的物料,则应采用加压蒸馏。

第三节　危险化学品事故分析

一、危险化学品事故

危险化学品事故指由一种或数种危险化学品或其能量意外释放造成的人身伤亡、财产损失或环境污染事故。危险化学品事故后果通常表现为人员伤亡、财产损失或环境污染以及它们的组合。

1. 危险化学品事故特征

(1)事故中产生危害的危险化学品是事故发生前已经存在的,而不是在事故发生时产生的。

(2)危险化学品的能量是事故中的主要能量。

(3)危险化学品发生了意外的、人们不希望的物理或化学变化。

2. 危险化学品事故类型

从危险化学品事故的理化表现分类,危险化学品事故大体上可划分为 8 类:火灾、爆炸、泄漏、中毒、窒息、灼伤、辐射事故和其他危险化学品事故。

(1)火灾　危险化学品火灾事故指燃烧物质主要是危险化学品的火灾事故。具体又分若干小类,包括易燃液体火灾、易燃固体火灾、自燃物品火灾、遇湿易燃物品火灾、其他危险化学品火灾。易燃气体、液体火灾往往又引起爆炸事故,易造成重大的人员伤亡。由于大多数危险化学品在燃烧时会放出有毒有害气体或烟雾,因此危险化学品火灾事故中,往往会伴随发生人员中毒和窒息事故。

(2)爆炸　危险化学品爆炸事故指危险化学品发生化学反应的爆炸事故或液化气体和压缩气体的物理爆炸事故。具体包括:爆炸品的爆炸(又可分为烟花爆竹爆炸、民用爆炸装备爆炸、军工爆炸品爆炸等);易燃固体、自燃物品、遇湿易燃物品的火灾爆炸;易燃液体的火灾爆炸;易燃气体爆炸;危险化学品产生的粉尘、气体、挥发物爆炸;液化气体和压缩气体的物理爆炸;其他化学反应爆炸。

(3)泄漏　危险化学品泄漏事故主要是指气体或液体危险化学品发生了一定规模的泄漏,虽然没有发展成为火灾、爆炸或中毒事故,但造成了严重的财产损失或环境污染等后果的危险化学品事故。危险化学品泄漏事故一旦失控,往往造成重大火灾、爆炸或中毒事故。

(4)中毒　危险化学品中毒事故主要指人体吸入、食入或接触有毒有害化学品或者化学品反应的产物,而导致的中毒事故。具体包括:吸入中毒事故(中毒途径为呼吸道);接触中毒事故(中毒途径为皮肤、眼睛等);误食中毒事故(中毒途径为消化道);其他中毒。

(5)窒息　危险化学品窒息事故主要指危险化学品对人体氧化作用的干扰,主要是人体吸入有毒有害化学品或者化学品反应的产物,而导致的窒息事故,分为简单窒息(周围氧气被惰性气体替代)和化学窒息(化学物质直接影响机体传送氧以及和氧结合的能力)。

(6)灼伤　危险化学品灼伤事故主要指腐蚀性危险化学品意外地与人体接触,在短时间内即在人体被接触表面发生化学反应,造成明显破坏的事故。腐蚀品包括酸性腐蚀品、碱性腐蚀品和其他不显酸碱性的腐蚀品。

(7)辐射　是指具有放射性的危险化学品发射出一定能量的射

线对人体造成伤害。放射性污染物主要指各种放射性核素,其放射性与化学状态无关。其放射性强度越大,危险性就越大。人体组织在受到射线照射时,能发生电离,如果人体受到过量射线的照射,就会产生不同程度的损伤。

(8)其他 其他危险化学品事故指不能归入上述 7 类危险化学品事故的其他危险化学品事故,如危险化学品罐体倾倒、车辆倾覆等,但没有发生火灾、爆炸、中毒、窒息、灼伤、泄漏等事故。

二、危险化学品事故发生机理

危险化学品事故发生,需要两个基本条件:①危险化学品发生了意外的、人们不希望的变化,包括化学变化、物理变化以及与人身作用的生物化学变化和生物物理变化等;②危险化学品的变化造成了人员伤亡、财产损失、环境破坏等事故后果。

危险化学品事故发生机理可分两大类,每大类又分若干小类。具体如下。

1. 危险化学品泄漏

(1)易燃易爆化学品→泄漏→遇到火源→火灾或爆炸→人员伤亡、财产损失、环境破坏等。

(2)有毒化学品→泄漏→急性中毒或慢性中毒→人员伤亡、财产损失、环境破坏等。

(3)腐蚀品→泄漏→腐蚀→人员伤亡、财产损失、环境破坏等。

(4)压缩气体或液化气体→物理爆炸→易燃易爆、有毒化学品泄漏。

(5)危险化学品→泄漏→没有发生变化→财产损失、环境破坏等。

2. 危险化学品没有发生泄漏

(1)生产装置中的化学品→反应失控→爆炸→人员伤亡、财产损失、环境破坏等。

(2)爆炸品→受到撞击、摩擦或遇到火源等→爆炸→人员伤亡、财产损失等。

(3)易燃易爆化学品→遇到火源→火灾、爆炸或放出有毒气体或烟雾→人员伤亡、财产损失、环境破坏等。

(4)有毒有害化学品→与人体接触→腐蚀或中毒→人员伤亡、财产损失等。

(5)压缩气体或液化气体→物理爆炸→人员伤亡、财产损失、环境破坏等。

危险化学品事故最常见的模式是危险化学品发生泄漏而导致的火灾、爆炸、中毒事故。这类事故的后果往往也非常严重。

三、危险化学品事故特点及后果

危险化学品事故具有突发性、复杂性、激变性、群体性等特点,在发生重大或灾害性事故时常可导致严重事故后果。

1. 突发性

危险化学品事故往往是在没有先兆的情况下突然发生的,不需要一段时间的酝酿。

【案例2-1】2005年3月29日晚6点50分,京沪高速公路淮安段上行线103 km+300 m处发生一起交通事故,一辆载有约40 t液氯的山东槽罐车鲁H00099与山东货车鲁QA0398相撞,导致槽罐车液氯大面积泄漏。两车相撞后,由于肇事的槽罐车驾驶员逃逸,货车驾驶员死亡,延误了最佳抢险救援时机,造成了公路旁3个乡镇村民重大伤亡。事故造成29人中毒死亡,456人中毒住院治疗,1867人门诊留治,10500名村民被迫疏散转移,近9000头(只)家畜、家禽死亡,20000余亩农作物绝收或受损,大量树木鱼塘、村民的食用粮、家用电器受污染,累计经济损失2000余万元。造成京沪高速公路宿迁至宝应段(约110 km)关闭20 h。事故的主要原因是:①运载剧毒化学品液氯的槽罐车严重超载,核定载重为15 t,事发时实际运载液氯多达40.44 t,超载169.6%。②使用报废轮胎,导致左前轮爆胎,在行驶的过程中槽罐车侧翻,致使液氯泄漏。③肇事车驾驶员、押运员在事故发生后,不报告事故,逃离现场,失去最佳救援时机,直接导致事故后果的扩大。

2. 复杂性

事故的发生机理常常非常复杂,许多着火、爆炸事故并不是简单地由泄漏的气体、液体引发那么简单,而往往是由腐蚀等化学反应引起的,事故的原因往往很复杂,并使之具有相当的隐蔽性。

3. 严重性

事故造成的后果往往非常严重,一个罐体的爆炸,会造成整个罐区的连环爆炸,一个罐区的爆炸,可能殃及生产装置,进而造成全厂性爆炸,如北京东方化工厂"6·27"特大火灾爆炸事故。更有一些化工厂,由于生产工艺的连续性,装置布置紧密,会在短时间内发生厂毁人亡的恶性爆炸,如江苏射阳化工厂"7·28"爆炸事故。危险化学品事故不仅会因设备、装置的损坏,生产的中断,而造成重大的经济损失,同时也会造成重大的人员伤亡。

【案例 2-2】苏射阳化工厂"7·28"爆炸事故:2006 年 7 月 28 日 8时 45 分,江苏省盐城市射阳县盐城氟源化工有限公司临海分公司(工商核准拟用名)1 号厂房发生爆炸事故,死亡 22 人,受伤 29 人(3人重伤)。其中,在场的公司董事长、总经理、分管副总经理以及生产技术人员等多人伤亡。

4. 持久性

事故造成的事故后果,往往在长时间内都得不到恢复,具有事故危害的持久性。譬如,人员严重中毒,常常会造成终生难以消除的后果;对环境造成的破坏,往往需要几十年的时间进行治理,如印度博帕尔农药厂 MIC(异氰酸甲酯)泄漏惨案的影响至今犹在。

【案例 2-3】印度博帕尔农药厂 MIC 泄漏惨案:1984 年 12 月 3日,美国联合碳化物公司建在印度中央邦首府博帕尔的农药厂发生异氰酸甲酯(MIC)泄漏事故,导致 4000 名居民死亡,20 万人深受其害,事故经济损失高达近百亿美元,震惊整个世界,成为世界工业史上绝无仅有的大惨案。

5. 社会性

危险化学品事故往往造成惨重的人员伤亡和巨大的经济损失,影响社会稳定。灾难性事故,常常会给受害者、亲历者造成不亚于战争留下的创伤,在很长时间内都难以消除痛苦与恐怖。如重庆开县的井喷事故,造成了 243 人死亡,许多家庭都因此残缺破碎,生存者可能永远无法抚平心中的创伤。如"11·13"吉石化双苯厂爆炸所造成的特大环境污染事故使哈尔滨市停水 4 天,松花江沿岸数百万群众的生活和生产用水发生严重困难,哈尔滨市直接经济损失约 15 亿元人民币。同时,一些危险化学品泄漏事故,还可能对子孙后代造成严重的生理影响。

【案例 2-4】重庆开县的井喷事故:2003 年 12 月 23 日晚 9 时 15 分,地处重庆开县的中石油西南油气田分公司发生井喷事故,大量含有高浓度硫化氢的剧毒天然气喷出扩散,致使周围大多已经入睡的村民在睡梦中死去,尤其是地处钻井架附近的高桥镇晓阳村有 90% 以上村民遇难,有很多家庭都是全家同时遇难,最多的一家有 9 个人同时遇难。当地自然环境跟着遭殃,野生动物大量死亡。直接经济损失 6000 余万元。

【案例 2-5】"11·13"吉石化双苯厂爆炸事故:2005 年 11 月 13 日,中国石油天然气股份有限公司吉林石化分公司双苯厂硝基苯精制岗位外操人员违反操作规程导致硝基苯精馏塔发生爆炸,造成 8 人死亡,60 人受伤,直接经济损失 6908 万元,并造成松花江水污染事件,引发不良国际影响。

【案例 2-6】意大利塞维索化学污染事故:1976 年 7 月,意大利塞维索一家化工厂爆炸,剧毒化学品二噁英扩散,使许多人中毒。附近居民被迫迁走,半径 1.5 km 范围内植物被铲除深埋,数公顷的土地均被铲掉几厘米厚的表土层。但是,由于二噁英具有致畸和致癌作用,事隔多年后,当地居民的畸形儿出生率大为增加。

以上危险化学品事故案例充分体现出危险化学品事故后果的严重性、社会性等特点。

第四节 危险化学品安全管理

危险化学品事故造成的后果非常严重,一系列的危险化学品事故的发生,给人类的生命、健康及环境带来了极大的灾难,被称为毁灭性的灾难。1976 年的意大利塞维索工厂环己烷泄漏事故,1984 年的墨西哥城石油液化气爆炸事故,特别是 1984 年印度的博帕尔事件,震惊了世界,已经引起国内外的广泛关注,纷纷采取应急措施,并加强设备的本质安全。加强危险化学品管理及其相应的医学救援是减轻灾害后果的重要措施。近年来,我国也陆续出台了一系列危险化学品管理的法律法规,如《危险化学品安全管理条例》,为危险化学品的管理控制与事故应急救援提供了依据。

危险化学品管理控制的目的是通过登记注册、安全教育、使用安全标签和安全技术说明书等手段对化学品实行全过程管理,以杜绝或减少事故的发生。见图 2-6。

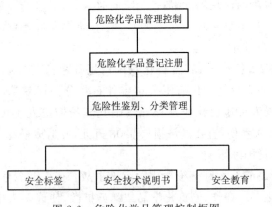

图 2-6　危险化学品管理控制框图

一、登记注册

登记注册是化学品安全管理最重要的一个环节。其范围是列入国家标准《危险货物品名表》(GB 12268)中的危险化学品及由应急管理部会同国务院公安、环境保护、卫生、质检、交通部门确定并公布的未列入《危险货物品名表》的其他危险化学品。

应急管理部负责全国危险化学品登记注册的监督管理工作。各省、自治区、直辖市应急管理部门负责本辖区内危险化学品登记注册的监督管理工作。

国家化学品登记注册中心承担危险化学品登记注册方面的技术

管理工作,包括危险化学品的鉴别与分类,公布登记注册目录,建立信息网络,提供技术咨询服务,指导各省、自治区、直辖市安全生产监督管理部门委托的危险化学品登记注册管理机构的业务工作。

危险化学品登记注册的主要内容包括产品标识、理化特性、燃爆特性、消防措施、稳定性、反应活性、健康危害、急救措施、操作处置、防护措施、泄露应急处理等以及企业基本情况。

申请登记注册的单位应当根据国家有关法规、《化学品安全技术说明书内容和项目顺序》(GB/T 16483—2008)和《化学品安全标签编写规定》(GB 15258—2009)(简称"一书一签"),填写《危险化学品登记注册申请表》,向地区危险化学品登记注册管理机构办理注册登记手续。

生产危险化学品的单位按规定登记注册,在领取《危险化学品登记注册证书》后,方可从事危险化学品的生产经营活动。没有取得《证书》和没有提供"一书一签"的产品,生产单位不得销售。

二、分类管理

分类管理实际上就是根据某一化学品的理化、燃爆、毒性、环境影响数据确定其是否是危险化学品,并进行危险性分类。主要依据《化学品分类和危险性公示　通则》(GB 13690—2009)和《危险货物分类和品名编号》(GB 6944—2012)两个国家标准。

三、安全标签

安全标签是《工作场所安全使用化学品规定》和国际170号《作业场所安全使用化学品公约》要求的预防和控制化学危害的基本措施之一,主要是对市场上流通的化学品通过加贴标签的形式进行危险性标识,提出安全使用注意事项,向作业人员传递安全信息,以预防和减少化学危害,达到保障安全和健康的目的。

危险化学品安全标签是针对危险化学品而设计、用于提示接触危险化学品的人员的一种标识。它用简单、明了、易于理解的文字、图形符号和编码的组合形式表示该危险化学品所具有的危险性、安全使用注意事项和防护基本要求。根据使用场合不同,危险化学品安全标签分为供应商标签和作业场所标签。

1.供应商安全标签

危险化学品供应商安全标签是指危险化学品在市场上流通时由生产销售单位提供的附在化学品包装上的标签,是向作业人员传递安全信息的一种载体,它用简单、易于理解的文字和图形表述有关化学品的危险特性及其安全处置的注意事项,警示作业人员进行安全操作和处置。《化学品安全标签编写规定》(GB 15258—2009)规定化学品安全标签应包括化学品标识、象形图、信号词、危险性说明、防范说明、应急咨询电话、供应商标识、资料参阅提示语等内容。

(1)供应商安全标签样式及基本内容

① 供应商安全标签内容 《化学品安全标签编写规定》(GB 15258—2009)规定了化学品安全标签(供应商安全标签)的内容、格式等事项,具体内容如下:

a.化学品标识 用中文和英文分别标明化学品的化学名称或通用名称。名称要求醒目清晰,位于标签的上方。名称应与化学品安全技术说明书中的名称一致。

对混合物应标出对其危险性分类有贡献的主要成分的化学名称或通用名、浓度和浓度范围。当需要标出的组分较多时,组分个数以不超过 5 个为宜。对于属于商业机密的成分可以不标明,但应列出其危险性。

b.象形图 采用 GB 20576～GB 20599、GB 20601、GB 20602 规定的象形图。

c.信号词 根据化学品的危险程度和类别,用"危险""警告"两个词分别进行危害程度的警示。信号词位于化学品名称的下方,要求醒目、清晰。根据 GB 20576～GB 20599、GB 20601、GB 20602,选择不同类别危险化学品的信号词。

d.危险性说明 简要概述化学品的危险特性。居信号词下方。根据 GB 20576～GB 20599、GB 20601、GB 20602,选择不同类别危险化学品的危险性说明。

e.防范说明 表述化学品在处置、搬运、储存和使用作业中所必须注意的事项和发生意外时简单有效的救护措施等，要求内容简明扼要、重点突出。该部分应包括安全预防措施、意外情况（如泄漏、人员接触或火灾等）的处理、安全储存措施及废弃处置等内容。

f. 供应商标识　供应商名称、地址、邮编和电话等。

g. 应急咨询电话　填写化学品生产商或生产商委托的 24 小时化学事故应急咨询电话。

国外进口化学品安全标签上应至少有一家中国境内的 24 小时化学事故应急咨询电话。

h. 资料参阅提示语　提示化学品用户应参阅化学品安全技术说明书。

② 安全标签样例

a. 化学品安全标签样例（图 2-7）

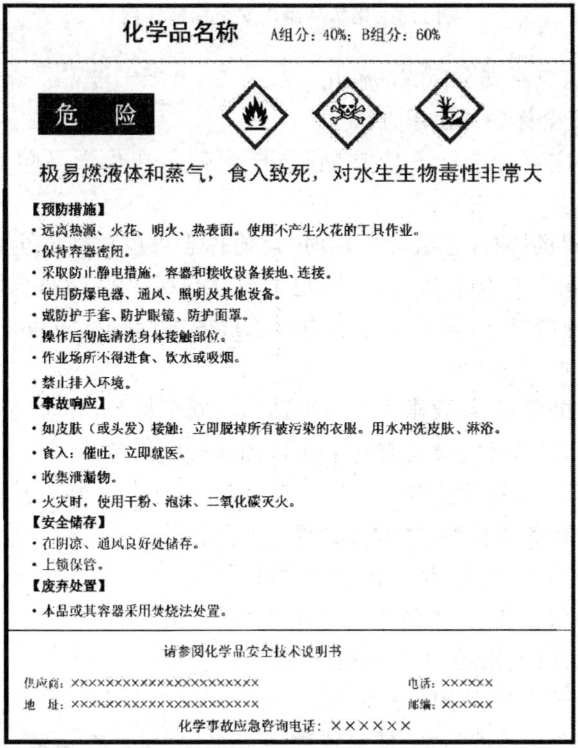

化学品名称　A组分：40%；B组分：60%

危　险

极易燃液体和蒸气，食入致死，对水生生物毒性非常大

【预防措施】
- 远离热源、火花、明火、热表面。使用不产生火花的工具作业。
- 保持容器密闭。
- 采取防止静电措施，容器和接收设备接地、连接。
- 使用防爆电器、通风、照明及其他设备。
- 戴防护手套、防护眼镜、防护面罩。
- 操作后彻底清洗身体接触部位。
- 作业场所不得进食、饮水或吸烟。
- 禁止排入环境。

【事故响应】
- 如皮肤（或头发）接触：立即脱掉所有被污染的衣服。用水冲洗皮肤、淋浴。
- 食入：催吐，立即就医。
- 收集泄漏物。
- 火灾时，使用干粉、泡沫、二氧化碳灭火。

【安全储存】
- 在阴凉、通风良好处储存。
- 上锁保管。

【废弃处置】
- 本品或其容器采用焚烧法处置。

请参阅化学品安全技术说明书

供应商：××××××××××××××××××××××　电话：××××××

地　址：××××××××××××××××××××××　邮编：××××××

化学事故应急咨询电话：××××××

图 2-7　化学品安全标签样例

b. 简化标签样例(图 2-8)

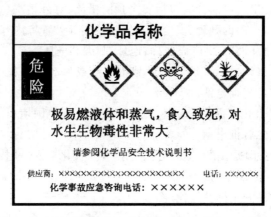

图 2-8　化学品简化安全标签样例

(2)供应商安全标签的使用

① 安全标签的使用方法

a. 供应商安全标签应粘贴、挂拴或喷印在化学品包装的明显位置。

b. 当与运输标志组合使用时,运输标志可以放在安全标签的另一面版,将之与其他信息分开,也可放在包装上靠近安全标签的位置,后一种情况下,若安全标签中的象形图与运输标志重复,安全标签中的象形图应删掉。

c. 对组合容器,要求内包装加贴(挂)安全标签,外包装上加贴运输象形图,如果不需要运输标志可以加贴安全标签。

② 安全标签的位置

安全标签的粘贴、喷印位置规定如下:

a. 桶、瓶形包装:位于桶、瓶侧身;

b. 箱状包装:位于包装端面或侧面明显处;

c. 袋、捆包装:位于包装明显处。

③ 安全标签使用注意事项

a. 安全标签的粘贴、挂拴或喷印应牢固,保证在运输、储存期间不脱落,不损坏。

b. 安全标签应由生产企业在货物出厂前粘贴、挂拴或喷印。若要改换包装,则由改换包装单位重新粘贴、挂拴或喷印标签。

c. 盛装危险化学品的容器或包装,在经过处理并确认其危险性完全消除之后,方可撕下安全标签,否则不能撕下相应的标签。

2. 作业场所安全标签

作业场所安全标签又称工作场所"安全周知卡",是用于作业场所,提示该场所使用的化学品特性的一种标识。主要是对化学品的生产、操作处置、运输、储存、排放、容器清洗等作业场所的化学危害进行分级,提出防护和应急处理信息,以标签的形式标示出来,警示作业人员、管理人员和应急救援人员作业时进行正确预防和防护,在紧急事态时,明了现场情况,正确地进行应急作业,以达到保障安全和健康的目的。

(1)类型　作业场所安全标签是针对作业场所化学危害所做的标识。其类型分为详细型、半简化型和简化型三种。

(2)内容　作业场所化学品安全标签主要包括名称、危险性级别等项内容,用文字、图形、数字的组合形式进行表示。

① 危险性和个体防护的表示　标签中用蓝色、红色、黄色和白色四个小菱形分别表示毒性、燃烧危险性、活性反应危害和个体防护,四个小菱形构成一个大菱形,其规定:左格蓝色,表示毒性;上格红色,表示燃烧危险性;右格黄色,表示反应活性;下格白色,表示个体防护。结构见图 2-9。

② 危险性分级　毒性、燃烧危险性、活性反应危害分别为 $0\sim4$ 五级,用 0、1、2、3、4 黑色数码表示,并填入各自对应的菱形图案中。数字越大,危险性越大。

③ 个体防护分级　根据作业场所的特点和化学品危险性大小,提出九种防护方案。分别用 $1\sim9$ 九个黑色数码和 11 个示意图形表示,黑色数码填入白色菱形中,示意图置于标签的下方(见图例),数码越大,防护级别越高。

④ 危险性概述　简要概述燃爆、健康危害方面的信息。

⑤ 特性　主要指理化特性和燃爆特性。包括最高容许浓度、外观与性状、熔点、沸点、蒸气相对密度、闪点、引燃温度、爆炸极限等。

⑥ 健康危害　简述接触危险化学品后对人体产生的危害,包括中毒表现和体征等。

⑦ 应急急救信息　提供作业岗位主要危险化学品的皮肤接触、眼睛接触、吸入、误食的急救方法、应急咨询电话和消防、泄漏处理措施等方面的信息。

作业场所化学品安全标签样例如图 2-9 所示。

图 2-9　作业场所化学品安全标签样例

(3)作业场所安全标签的使用　作业场所安全标签应在生产、操作处置、储存、使用等场所明显处进行张贴或挂拴;其张贴和挂拴的形式可根据作业场所而定,如可张贴在墙上、装置或容器上,也可单独立牌。

四、化学品安全技术说明书

化学品安全技术说明书详细描述了化学品的燃爆、毒性和环境危害,给出了安全防护、急救措施、安全储运、泄漏应急处理、法规等方面信息,是了解化学品安全卫生信息的综合性资料。

1. 安全技术说明书释义

化学品安全技术说明书（safety data sheet for chemical products，SDS），提供了化学品（物质或混合物）在安全、健康和环境保护等方面的信息，推荐了防护措施和紧急情况下的应对措施。在一些国家，化学品安全技术说明书又被称为物质安全技术说明书（material safety data sheet，MSDS）。SDS 是化学品的供应商向下游用户传递化学品基本危害信息（包括运输、操作处置、储存和应急行动信息）的一种载体。同时化学品安全技术说明书还可以向公共机构、服务机构和其他涉及该化学品的相关方传递这些信息。

2. 安全技术说明书的主要作用

安全技术说明书作为最基础的技术文件，主要用途是传递安全信息，其主要作用体现在：

（1）化学品安全生产、安全流通、安全使用的指导性文件；

（2）应急作业人员进行应急作业时的技术指南；

（3）为危险化学品生产、处置、贮存和使用各环节制订安全操作规程提供技术信息；

（4）化学品登记注册的主要基础文件；

（5）企业安全教育的主要内容。

3. 化学品安全技术说明书的内容和通用形式

（1）SDS 将按照图 2-10 中的 16 部分提供化学品的信息，每部分的标题、编号和前后顺序不应随意变更。

（2）在 16 部分下面填写相关的信息，该项如果无数据，应写明无数据原因。16 部分中，除第 16 部分"其他信息"外，其余部分不能留下空项。SDS 中信息的来源一般不用详细说明。

4. 安全技术说明书的使用

安全技术说明书由化学品的生产供应企业编印，在交付商品时提供给用户，作为为用户提供的一种服务随商品在市场上流通。

化学品的用户在接收使用化学品时，要认真阅读技术说明书，了解和掌握化学品的危险性，并根据使用的情形制订安全操作规程，选用合适的防护器具，培训作业人员。

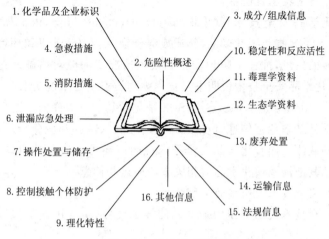

图 2-10 SDS 组成信息

5. 安全技术说明书的获取途径

有以下途径可以得到 SDS：

（1）实验室或者车间里应该有随购买的有害化学品一同附带的 SDS（切记不要随意丢掉这些文件资料）；

（2）许多大学和商业机构都在网站上收集有大量 SDS。可查问公司的环境或职业卫生部门或工程部门；

（3）可通过商务服务取得化学品安全技术说明书（SDS）；

（4）可以向所购买的化学品供应商那里取得 SDS，也可以向这些化学品的制造商的客户服务部门索取；

（5）互联网上有许多免费资源可以查找；

（6）也可以购买软件或者互联网分发服务。

一些书籍也有这些内容，但不一定有 SDS 文件，一般会给您提供有关化学品毒性、物理化学性能以及使用事项的实际数据。

五、安全教育

安全教育是化学品安全管理的一个重要组成部分。其目的是通过培训使工人能正确使用安全标签和安全技术说明书了解所使用的化学品的燃烧爆炸危害、健康危害和环境危害；掌握必要的应急处理方法和自救、互救措施；掌握个体防护用品的选择、使用、维护和保养；掌握特定设备和材料如急救、消防、溅出和泄漏控制设备的使用。使化学品的管理人员和接触化学品的工人能正确认识化学品的危害，自觉遵守规章制度和操作规程，从主观上预防和控制化学品危害。

第三章 危险化学品事故防护与急救

第一节 危险化学品从业人员个体防护

一、个体防护用品及分类

1. 个体防护用品的定义

个体防护用品又称劳动防护用品或劳动保护用品,简称护品,是生产经营单位必须为从业人员配备,使其在生产劳动过程中免遭或减轻事故伤害和职业危害的个人防护装备,属个人随身穿(佩)戴防护用品。

2. 个体劳动防护用品的作用

个体防护用品在生产劳动过程中,是必不可少的生产性装备。在生产工作场所,应该根据工作环境和作业特点,穿戴能保护自己生命安全和健康的防护用品。如果从业人员因贪图一时的喜好和方便,忽视个体防护用品的作用,从某种意义上来讲,也就是忽视了自己的生命。由于没有使用防护用品和防护用品使用不当导致的事故,已有很多惨痛的教训。

【案例3-1】2007年7月14日,河南省洛阳市润方特油有限公司1名工人在清理储罐底部残渣时,违反操作规程,未对罐内气体进行分析检测,未采取安全防护措施,直接进入储罐作业,结果窒息晕倒在储罐内。另外3名工人在未采取任何安全防护措施的情况下,进入储罐内施救时也相继晕倒,后经专业人员佩戴防毒面具进入储罐内将4人救出,送医院后其中3人经抢救无效死亡,1人重伤。

【案例3-2】2008年1月25日,湖北省襄阳市某化工公司能源车间进行洗气塔检修,2名检修工于14时入塔,15:30前来检查的负责人发现塔内无响应,急忙施救,结果3人均中毒,最先进塔的2人经抢救无效死亡。造成这起中毒事故的直接原因是,入塔人员均未戴防毒面具,而塔内存在大量一氧化碳、二氧化碳气体。

【**案例3-3**】2008年1月9日,重庆市巴南区重庆特斯拉化学原料有限公司铁氧体颗粒生产车间反应中产生的大量二氧化碳,从反应罐进料口和搅拌器连接口逸出,下沉聚集到反应罐下部循环水池周围。当反应罐水系统发生故障时,1名工人前去检查故障窒息晕倒,车间其他工人在未采取任何防护措施的情况下盲目施救,导致5人死亡、13人受伤。

劳动者在生产劳动和工作过程中,或由于作业环境条件异常,或由于安全装置缺乏或有缺陷,或由于其他突然发生的情况,往往会发生工伤事故或职业危害。为避免或减轻因工伤事故或职业危害对从业人员造成的伤害,从业人员必须根据生产实际情况正确使用劳动防护用品。

具体来说,个体防护就是从业人员使用一定的屏蔽体或系带、浮体,达到隔离、封闭、吸收、分散、悬浮等目的,以保护机体或全身免受外界危害的侵害。劳动防护用品的主要作用如下。

(1)隔离和屏蔽作用。使用一定的隔离或屏蔽物,将人体全部或局部与外界隔开或减少接触,能有效防御职业性损伤。譬如皮肤防护,从业人员通过穿戴工作服、帽、鞋、手套等,能隔绝或减少生产性粉尘和酸雾气体对皮肤的伤害,预防职业性皮肤病,避免直接性灼伤等;对于糜烂性毒剂使用隔绝式防毒服,对于放射性物质使用防辐射服,都能起到很好的防护作用。

(2)过滤和吸附作用。利用活性炭或某些化学吸附剂对毒物的吸附作用,将有毒气体(或蒸气)经过滤装置净化为无毒空气,就能避免呼吸中毒。如在有毒环境中作业时,作业人员必须根据作业状况、个体差异正确佩戴防毒面具,防止现场毒物通过呼吸道进入体内。

(3)保险和分散作用。在登高、井下或悬空作业时,利用绳、带、网等器械或佩戴安全帽,能对作业人员起到安全保护的作用。如戴安全帽、系安全带或挂安全网等,在受到高空坠物冲击或失足坠落时,就是比较保险的安全措施,特别是安全帽能分散冲击力度。

但是,佩戴个体防护用品只是劳动保护的辅助性措施,它有别于劳动保护的根本措施,如改善劳动条件,采取有效的安全、卫生技术等措施。当劳动安全卫生技术措施尚不能消除也暂时无法改善生产劳动过程中的危险和有害因素,或在劳动条件差、危害程度高或集体防护措施起不到防护作用的情况下(如在抢修或检修设备、野外露天作业、现场急救或排查隐患等,以及生产工艺、设备不能满足安全生产的要求时),劳动防护用品会成为劳动保护的主要措施。使用和配备有效的劳动防护用品,不能代替劳动条件的改善和安全、卫生技术措施的实施。但在作业条件较差时,劳动防护用品可以在一定程度上起到保护人体的作用。对于大多数劳动作业,一般情况,大部分对人体的伤害可包含在劳动防护用品的安全限度以内,各种防护用品具有消除或减轻事故的作用。但防护用品对人的保护是有限度的,当伤害超过允许的防护范围时,防护用品就会失去作用。

3. 个体防护用品的特点

个体防护用品是保护劳动者安全与健康所采取的必不可少的辅助措施,是劳动者防止职业毒害和伤害的最后一项有效措施。同时,它又与劳动者的福利待遇以及防护产品质量、产品卫生和生活卫生需要的非防护性的工作用品有着本质的区别。具体来说,个体防护用品具有以下几个特点。

(1)特殊性

个体防护用品,不同于一般的商品,是保障劳动者的安全与健康的特殊用品,企业必须按照国家和省、市劳动防护用品有关标准进行选择和发放。尤其是特种防护用品因其具有特殊的防护功能,国家在生产、使用、购买等环节中都有严格的要求。如国家安全生产监督管理总局第 1 号令《劳动防护用品监督管理规定》中要求特种劳动防护用品必须由取得特种劳动防护用品安全标志的专业厂家生产,生产经营单位不得采购和使用无安全标志的特种劳动防护用品;购买的特种劳动防护用品须经本单位的安全生产技术部门或者管理人员检查验收等。

(2)适用性

个体防护用品的适用性既包括防护用品选择使用的适用性,也包括使用的适用性。选择使用的适用性是指必须根据不同的工种和作业环境以及使用者的自身特点等选用合适的防护用品。如耳塞和防噪声帽(有大小型号之分),如果选择的型号太小,也不会很好地起到防护噪声的作用。使用的适用性是指防护用品需在进入工作岗位时使用,这不仅要求产品的防护性能可靠、确保使用者的安全,而且还要求产品适用性能好、方便、灵活,使用者乐于使用。因此,结构较复杂的防护用品,需经过一定时间试用,对其适用性及推广应用价值做出科学评价后才能投产销售。

(3)时效性

劳动防护用品要求有一定的使用寿命,其本身的质量以及维护和保养十分重要。如橡胶、塑料制作的护品,长时间受紫外线或冷热温度影响会逐渐老化而易折损;有些护目镜和面罩,受光线照射和擦拭影响,或酸碱蒸气腐蚀,镜片的透光率会逐渐下降而失效;绝缘、防静电和导电鞋(靴),会随着鞋底的磨损改变其性能;一般的防护用品受保存条件如温度、湿度影响,也会缩短其使用年限等。在使用或保存期内遭到损坏或超过有效使用期的防护用品,应实行报废。

4.劳动防护用品的分类

由于各部门和使用单位对劳动防护用品要求不同,其分类方法也不一样。生产劳动防护用品的企业和商业采购部门,通常按原材料分类,以利于安排生产和组织进货。劳动防护用品商店和使用单位为便于经营和选购,通常按防护功能分类。而管理部门和科研单位,根据劳动卫生学的需要,通常按防护部位分类。

我国对劳动防护用品采用以人体防护部位为法定分类标准(《劳动防护用品分类与代码》),共分为九大类。既保持了劳动防护用品分类的科学性,同国际分类统一,又照顾了劳动防护用品防护功能和材料分类的原则。按防护部位可分为头部防护用品、呼吸器官防护用品、眼面部防护用品、听觉器官防护用品、手部防护用品、足部防护用品(防护鞋/靴)、躯体防护用品、劳动护肤用品、坠落防护用品,另外还有逃生防护用品等。

(1)头部防护用品

头部防护用品是指为了防御头部不受外来物体打击和其他因素危害而配备的个人防护装备。

根据防护功能,主要分为一般防护帽、防尘帽、防水帽、防寒帽、安全帽、防静电帽、防高温帽、防电磁辐射帽、防昆虫帽九类。

(2)呼吸器官防护用品

呼吸器官防护用品是为防御有害气体、蒸气、粉尘、烟、雾经呼吸道吸入,或直接向使用者供氧或清洁空气,保证尘、毒污染或缺氧环境中劳动者能正常呼吸的防护用具。

呼吸器官防护用品主要分为防尘口罩和防毒口罩(面具)两类,按功能又可分为过滤式和隔离式两类。

(3)眼面部防护用品

眼面部防护用品是防御电磁辐射、紫外线及有害光线、烟雾、化学物质、金属火花和飞屑、尘粒,抗机械和运动冲击等伤害眼睛、面部和颈部的防护用品。

眼面部防护用品种类很多,根据防护功能,大致可分为防尘、防水、防冲击、防高温、防电磁辐射、防射线、防化学飞溅、防风沙、防强光九类。

目前我国普遍生产和使用的主要有焊接护目镜和面罩、炉窑护目镜和面罩,以及防冲击眼护具三类。

(4)听觉器官防护用品

听觉器官防护用品是能防止过量的声能侵入外耳道,使人耳避免噪声的过度刺激,减少听力损失,预防由噪声对人身引起的不良影响的个体防护用品。

听觉器官防护用品主要有耳塞、耳罩和防噪声耳帽三类。

(5)手部防护用品

手部防护用品是具有保护手和手臂功能的个体防护用品,通常称为劳动防护手套。

手部防护用品按照防护功能分为十二类,即一般防护手套、防水手套、防寒手套、防毒手套、防静电手套、防高温手套、防 X 射线手套、防酸碱手套、防油手套、防振手套、防切割手套、绝缘手套,每类手套按照材料又能分为许多种。

（6）足部防护用品

足部防护用品是防止生产过程中有害物质和能量损伤劳动者足部的护具，通常称为劳动防护鞋。

足部防护用品按照防护功能分为防尘鞋、防水鞋、防寒鞋、防砸鞋、防静电鞋、防高温鞋、防酸碱鞋、防油鞋、防烫脚鞋、防滑鞋、防刺穿鞋、电绝缘鞋、防振鞋十三类，每类鞋根据材质不同又能分为许多种。

（7）躯体防护用品

躯体防护用品就是通常讲的防护服。根据防护功能，防护服分为一般防护服、防水服、防寒服、防砸背心、防毒服、阻燃服、防静电服、防高温服、防电磁辐射服、耐酸碱服、防油服、水上救生衣、防昆虫服、防风沙服十四类，每一类又可根据具体防护要求或材料分为不同品种。

（8）劳动护肤用品

劳动护肤用品是用于防止皮肤（主要是面、手等外露部分）免受物理、化学、生物等有害因素损伤皮肤或引起皮肤疾病的护肤剂。涂抹皮肤护肤剂，可起到一定的隔离作用。

劳动护肤用品按照防护功能，可分为防油型护肤剂、防水型护肤剂、遮光护肤剂、皮膜型护肤剂、护肤洗涤剂及驱避型护肤剂等。

（9）坠落防护用品

坠落防护用品是防止高处作业者坠落或高处落物伤害的防护用品。主要有安全带和安全网两种。

安全带是防止高处作业人员发生坠落或发生坠落后将作业人员安全悬挂的防护装备。安全带按使用方式，分为围杆作业安全带、区域限制安全带、坠落悬挂安全带。安全带一般由系带、连接器、安全绳、缓冲器等组成。

安全网是用来防止人、物坠落，或用来避免、减轻坠落物及物体打击伤害的网具。安全网按功能分为安全平网、安全立网、密目式安全立网。安全网一般由网体、边绳、系绳等构件组成。

（10）逃生防护用品

逃生防护用品是指在紧急情况下，事故现场人员佩戴和使用的用于逃生的应急装备，主要有火灾逃生头袋（套）及携气式呼吸器、救生缓降器、火灾逃生管、救生气垫、楼顶缓降装置、柔性救生滑道、高楼免用电避难梯等。

劳动防护用品又分为特种劳动防护用品和一般劳动防护用品。特种劳动防护用品由国家安全生产监督管理总局确定并公布，共有6大类21小类。这类劳动防护用品必须经过质量认证，实行工业生产许可证和安全标志的管理。凡列入工业生产许可证或安全标志管理目录的产品，称为特种劳动防护用品。具体见表3-1。未列入目录的护品为一般劳动防护用品，亦称普通劳动防护用品。

表 3-1　特种劳动防护用品目录

类　别	产　品
头部护具类	安全帽
呼吸护具类	防尘口罩、过滤式防毒面具、自给式空气呼吸器、长导管面具
眼面护具类	焊接眼面防护具、防冲击眼护具
防护服类	阻燃防护服、防酸工作服、防静电工作服
防护鞋类	保护足趾安全鞋、防静电鞋、导电鞋、防刺穿鞋、胶面防砸安全靴、电绝缘鞋、耐酸碱皮鞋、耐酸碱胶靴、耐酸碱塑料模压靴
防坠落护具类	安全带、安全网

二、个体防护用品的管理

（一）个体防护用品的选用

劳动防护用品选择的正确与否，关系到防护性能的发挥和生产作业的效率两个方面。一方面，选择的劳动防护用品必须具备充分的防护功能；另一方面，其防护性能必须适当，因为劳动防护用品操作的灵活性、使用的舒适度与其防护功能之间，具有相互影响的关系。如气密型防化服具有较好的防护功能，但在穿着和脱下时都很不方便，还会产生热应力，给人体健康带来一定的负面影响，更会影响工作效率。所以,正确选用劳动防护用品是保证劳动者的安全与健康的前提。因选用的防护用品不合格而导致的事故时有发生,有血的教训。

【**案例 3-4**】1996 年,河南某化工厂安排清洗 600 立方米硝基苯大罐,工段长从车间借了三个防毒面罩、两套长导管防毒面具在清洗大罐时用,经泵工试用后有一个防毒面罩不符合要求(出气阀粘死),随手放在值班室里。大罐清洗完毕,收拾工具(长导管面具、胶衣等)后,人员下班。大约 17 时,一名工人发现原料车间苯库原料泵房QB-9 蒸气往复泵 6 号泵上盖石棉垫冲开约 4 厘米一道缝,苯从缝隙处往外喷出,工人在慌乱中戴着不符合要求的防毒面罩进入泵房,关闭蒸汽阀门时,因防毒面罩出气阀老化粘死,呼吸不畅,窒息而亡。

【**案例 3-5**】2005 年 9 月 2 日,在北京市朝阳区某施工现场发生了一起作业人员佩戴过滤式防毒面具进行井下作业时发生意外,导致作业人员死亡的事故。而实际上在井下这类相对封闭的空间作业应选择隔绝式防毒面具。作业时,一般选择长导管面具,它是通过一根长导管使作业者呼吸井外清洁空气保证作业安全;抢险时,一般选择空气呼吸器。

上述事故案例都是因为从业人员未正确选择与使用呼吸防护用品而导致事故的发生,因此正确选用合格的个体防护用品可避免同类事故的发生。那么如何正确选用呢? 一般来说,劳动防护用品的选用可参考几个方面。

国家标准《个体防护装备选用规范》(GB/T 11651—2008)及安全行业标准《化工企业劳动防护用品选用及配备》(AQ/T 3048—2013),为选用劳动防护用品提供了依据。

1. 个体防护用品的选用原则

正确选用优质的防护用品是保证劳动者安全与健康的前提,选用的基本原则如下。

(1)根据国家标准、行业标准或地方标准选用;

(2)根据生产作业环境、劳动强度以及生产岗位接触有害因素的存在形式、性质、浓度(或强度)和防护用品的防护性能进行选用;

（3）穿戴要舒适方便，不影响工作。

2. 个体防护用品的选用程序（图 3-1）

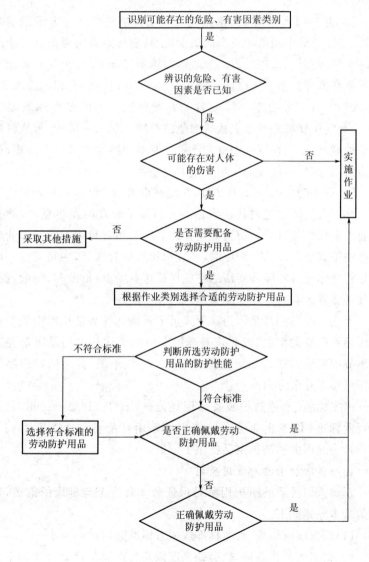

图 3-1　个体防护用品选用程序

(二)个体防护用品的发放

2000年,国家经贸委颁布了《劳动防护用品配备标准(试行)》(国经贸安全〔2000〕189号),规定了国家工种分类目录中的116个典型工种的劳动防护用品配备标准。GB/T 11651—2008《个体防护装备选用规范》按照工作环境中主要危险特征及工作条件特点把作业划分为39种,并针对39种作业类别详细地列出了可以使用及建议使用的防护用品。用人单位可根据国家相关法律法规及标准,按照不同工种、不同作业类别为从业人员配备个体防护用品。

用人单位的具体责任为:

(1)用人单位应根据工作场所中的职业危害因素及其危害程度,按照法律、法规、标准的规定,为从业人员免费提供符合国家规定的护品。不得以货币或其他物品替代应当配备的护品。

(2)用人单位应到定点经营单位或生产企业购买特种劳动防护用品。护品必须具有"三证",即生产许可证、产品合格证和安全鉴定证。购买的护品须经本单位安全管理部门验收。并应按照护品的使用要求,在使用前对其防护功能进行必要的检查。

(3)用人单位应教育从业人员,按照护品的使用规则和防护要求,正确使用护品。使职工做到"三会":会检查护品的可靠性;会正确使用护品;会正确维护保养护品,并进行监督检查。

(4)用人单位应按照产品说明书的要求,及时更换、报废过期和失效的护品。

(5)用人单位应建立健全护品的购买、验收、保管、发放、使用、更换、报废等管理制度和使用档案,并切实贯彻执行和进行必要的监督检查。

(三)个体防护用品的使用

(1)企业应建立个体防护用品管理档案,并建立从业人员个体防护用品配发表。

(2)从业人员应按要求配备个体防护用品,上岗作业时,应按要求正确穿(佩)戴个体防护用品。

(3)企业应定期对从业人员进行个体防护用品的正确佩戴和使

用培训,保证从业人员 100％正确使用。

(4)临时工、外来务工及参观、学习、实习等人员应按照规定穿(佩)戴个体防护用品。外来人员进入现场由企业提供符合安全要求的个体防护用品,或由企业与进入现场的单位签订相关协议,明确应配备使用的个体防护用品,并要求进入现场的人员正确穿着或佩戴。

(5)个体防护用品应在有效期内使用,对已不能起到有效防护作用的个体防护用品应及时更换。禁止使用过期和报废的个体防护用品。

(四)个体防护用品的报废

(1)个体防护用品的判废应按照个体防护用品的判废程序进行。判废程序见图 3-2。

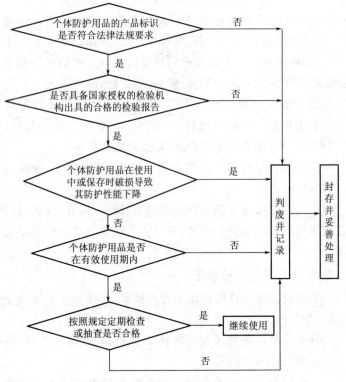

图 3-2 个体防护用品判废程序

（2）符合下述条件之一的劳动防护用品应报废：

——所选用的个体防护装备技术指标不符合国家相关标准或行业标准；

——个体防护装备产品标识不符合产品要求或国家法律法规的要求；

——所选用的个体防护装备与所从事的作业类型不匹配；

——个体防护用品在使用或保管储存时遭到破损或变形，影响防护功能的；

——个体防护用品达到报废期限的；

——所选用的个体防护用品经定期检验或抽查不合格的；

——当发生使用说明中规定的其他报废条件时。

（3）对国家规定应进行定期强检的个体防护用品，如绝缘鞋、绝缘手套等，应按有效防护功能最低指标和有效使用期的要求，实行强制定检；检测应委托具有检测资质的部门完成，并出具检测合格报告；国家未规定应定期强检的个体防护用品，如安全帽、防护镜、面罩、安全带等，应按有效防护功能最低指标和有效使用期的要求，对同批次的个体防护用品定期进行抽样检测。检测合格的方可继续使用，不合格的予以报废处理。

（4）报废后的个体防护用品应立即封存，建立封存记录，并采取妥善措施予以处理。

三、呼吸防护用品及其选用

在危险化学品事故应急救援中，用于保护救援人员呼吸器官、眼睛和面部免受有毒有害化学品直接伤害的器材，通称为呼吸防护用品。

（一）呼吸防护用品的种类

呼吸防护用品按其使用环境（气源不同）、结构和防毒原理主要分为过滤式和隔绝式两种。过滤式呼吸器只能在不缺氧的劳动环境和低浓度毒污染下使用，一般不能用于罐、槽等密闭狭小容器中作业人员的防护。隔绝式呼吸器能使戴用者的呼吸器官与污染环境隔离,由呼吸器自身供气或从清洁环境中引入空气维持人体的正常呼吸,可在缺氧、有毒、严重污染或情况不明的危险化学品事故处置现场使用,一般不受环境条件限制。

1. 过滤式呼吸器

过滤式呼吸器是利用净化部件吸附、吸收、催化或过滤等作用除去环境空气中有害物质后作为气源的防护用品。这类呼吸器的气源是环境空气,经过呼吸器过滤除毒得到干净的空气,提供给使用者,因此,仅当空气中含氧量不低于18%或有害气体浓度小于2%时方可使用。

(1)原理和组成

过滤式呼吸器主要用于对有毒气体或蒸气进行过滤,一般由面罩、滤毒罐(盒)、导气管(直接式无导气管)、可调拉带等部件构成。其中,面罩和滤毒罐(盒)是关键部件,面罩用于面部,保护眼睛和呼吸器官,不与外部环境空气接触;滤毒罐内装有浸渍催化剂的颗粒活性炭,染毒空气通过过滤器时,罐内的吸附剂与毒气发生化学反应,产生物理和化学的吸附力,将毒气吸附在吸附剂上,使染毒空气净化,为人体提供干净空气。

(2)使用注意事项

① 环境空气中的氧浓度低于18%时不能使用。因为过滤式呼吸器依赖环境空气作为气源,染毒空气经过滤毒后,不能提高其原有的氧气浓度。因此,在一些较封闭空间的火场或泄漏现场,如地下建筑、矿井、长距离隧道内不宜使用。

② 滤毒罐的滤毒能力是有限度的。不同的滤毒罐具有不同的吸附剂,一种吸附剂一般仅能吸附一种或少数几种毒物,而对其他的毒物就没有吸附作用。因此,使用时要选用有针对性的滤毒罐,保证良好的过滤效果。

③ 正常使用的滤毒罐,其具有防护作用的时间是一定的。一般来说,滤毒罐的防护时间取决于滤料的吸附能力、空气的染毒浓度、空气的湿度和温度、使用者的呼吸频率等因素。当发现吸入的过滤空气有异味或呼吸有阻力时,应立即更换滤毒罐。

2. 隔绝式呼吸器

隔绝式呼吸器是能使佩戴者呼吸器官与作业环境隔绝、靠自身携带的气源或者依靠导气管引入作业环境以外的洁净气源的防护用品。目前有自给式供气呼吸器和非自给式供气呼吸器两大类。自给式供气呼吸器能自身供给空气（氧气）、在充满各种有毒气体和缺氧的条件下提供呼吸道保护。非自给式供气呼吸器是借助软管或管路连通无污染空气源向使用者提供洁净空气。根据所用气瓶和供气源种类的不同，又可分为氧气呼吸器和空气呼吸器。

（1）自给式氧气呼吸器

① 原理和组成

氧气呼吸器又称隔离再生供氧装置。一般为密闭循环式，主要部件有全面罩、压缩氧气钢瓶、清净罐、减压器、补给器、压力表、气囊、阀、导气管、壳体等。其中氧气瓶可提供纯度不低于97%的医用氧气；清净罐是用于从人体呼出的废气中清洁和分离出可用的氧气，并作为气源的一部分，与氧气瓶的纯氧一起，被送入全面罩。

其工作原理是周而复始地将人体呼出气中的二氧化碳脱除，定量补充氧气供人吸入。主要用于需长时间进行呼吸防护，又不易实施充气的场所，例如长隧道、地铁、地下建筑等艰难复杂、耗时的灭火救援工作的场所。

② 特点

氧气呼吸器的气瓶体积小，重量轻，一般有1 L瓶、2 L瓶、3 L瓶，气瓶工作压力可达20 MPa；钢质气瓶的整机重量约7 kg，铝合金气瓶或碳纤维气瓶更轻；气源使用时间长。

如1 L瓶的储氧气量为200 L，若正常工作中消耗氧气速度为1.5 L/min，则1 L瓶可供氧气时间为2 h。

③ 使用注意事项

由于佩戴呼吸器的人员吸入的是高浓度氧气，所以，未受过训练者使用时，易出现呼吸不适应症，如出现气闷、头晕不适、恶心甚至氧中毒症状等；其次，清净罐再生后的气体温度较高，会使人感到不适，因此，当罐内温度较高时，必须用配备的冰块进行冷却降温；特别要注意的是氧气呼吸器不宜在高温环境及易燃易爆场合下使用,一般要求环境温度不能超过 60 ℃,因为氧气瓶是压力瓶,氧气又是助燃的,如果易燃或可燃气体泄漏都可能导致严重后果。

(2)自给式正压空气呼吸器

① 原理和组成

正压式空气呼吸器一般为开放式,主要部件有正压式全面罩、压缩空气钢瓶、减压阀、压力表、导气管等。其工作原理是压缩空气经减压后供人吸入,呼出气体经面罩呼吸阀排到空气中。

② 特点

正压式空气呼吸器佩戴使用舒适,操作使用较简便。因为气源是正常新鲜的空气,人体能很快适应,使用安全性较氧气呼吸器好。

③ 使用注意事项

空气呼吸器气瓶体积较大,使用时间较短。空气瓶的体积规格有 3 L、4 L、5 L、6 L、9 L,其对应的储空气量分别为 900 L、1200 L、1500 L、1800 L、2700 L,充装最高压力是 30 MPa。其使用时间与容积、气瓶的工作压力和人体耗气速度有关。若以人体正常耗气速度为 30 L/min 计,3 L、4 L、5 L、6 L、9 L 瓶的使用时间分别为 30 min、40 min、50 min、60 min、90 min。

(3)非自给式供气呼吸器

非自给式供气呼吸器是借助软管或管路连通无污染气源向使用者提供洁净空气,主要用于流动性小场所的呼吸防护。一般有蛇管面具和送气口罩两种,空气由空压机或鼓风机供给,用于固置蛇管的皮带可连接长绳,以便遇到意外时借助长绳进行援救。根据气源的不同,又可分为新鲜空气软管呼吸器和压缩空气管路呼吸器两类。其原理是通过机械动力和人的肺力从清洁环境中引入空气供人呼吸,也可以高压气瓶作为气源经过软管送入面罩供人呼吸。

(二)呼吸防护用品的选择原则

在熟悉和掌握各种呼吸防护用品的性能、结构及防护对象的情况下,应根据危险化学品事故现场毒物的浓度、种类、现场环境及劳动强度等因素,合理选择不同防护种类和级别的滤毒罐,并且使用者

应选择合适自己脸型的面罩型号。一般情况下,呼吸防护用品应按有效、舒适和经济的原则选择,同时还应考虑以下几方面的因素:

(1)应选择国家认可的、符合标准要求的呼吸防护用品。

(2)在对危险化学物质性质、浓度不明或确切的污染程度未查明的情况下必须使用隔绝式呼吸防护用品;在使用过滤式防护器材时要注意不同的毒物使用不同的滤料。

(3)若事故中的危险化学品同时刺激眼睛或皮肤,或可经皮肤吸收,或对皮肤有腐蚀性,应选择全面罩,并采取防护措施保护其他裸露皮肤,选择的呼吸防护用品应与其他个体防护用品相兼容。

(4)若事故现场有潜在的爆炸危险,选择的呼吸防护用品应符合国家相关标准对防火防爆场所使用的装备的相关规定;若选择携气式呼吸防护用品,应选择空气呼吸器,不允许选择氧气呼吸器。

(5)若现场存在高温、低温或高湿,或存在有机溶剂及其他腐蚀性物质,应选择耐高温、耐低温或耐腐蚀的呼吸防护用品,或选择能调节温度、湿度的供气式呼吸防护用品。

(6)若选择供气式呼吸防护用品,应注意作业地点与气源之间的距离、空气导管对现场其他作业人员的妨碍、供气管路被损坏或被切断等问题,并采取可能的预防措施。

(7)选择呼吸防护用品时,要注意新的防护器材要有检验合格证、库存的是否在有效期内、用过的是否更换新的滤料等。

(三)呼吸防护用品的使用

(1)任何呼吸防护用品的防护功能都是有限的,应让使用者了解所使用的呼吸防护用品的局限性。

(2)使用任何一种呼吸防护用品都应仔细阅读产品使用说明,并严格按要求使用。

(3)应向所有使用人员提供呼吸防护用品使用方法培训。在必须配备逃生型呼吸防护用品的作业场所内的有关作业人员和其他进入人员,应接受逃生型呼吸防护用品使用方法培训。携气式呼吸防护用品应限于受过专门培训的人员使用。使用前应检查呼吸防护用品的完整性、过滤元件的适用性、电池电量、气瓶储气量等,消除不符合有关规定的现象后才允许使用。

(4)进入有害环境前,应先佩戴好呼吸防护用品。对于密合型面罩,使用者应做佩戴气密性检查,以确认密合。

(5)在未离开有害作业环境前,所有人员应始终佩戴呼吸防护用品。

(6)不允许单独使用逃生型呼吸防护用品进入有害环境,只允许从中离开。

(7)当使用中感到异味、咳嗽、刺激、恶心等不适症状时,应立即离开有害环境,并应检查呼吸防护用品,确定并排除故障后方可重新进入有害环境;若无故障存在,应更换有效的过滤元件。

(8)若呼吸防护用品同时使用数个过滤元件,如双过滤盒,应同时更换。

(9)若新过滤元件在某种场合迅速失效,应重新评价所选过滤元件的适用性。

(10)除通用部件外,在未得到呼吸防护用品生产者认可的前提下,不应将不同品牌的呼吸防护用品部件拼装或组合使用。

(11)在缺氧危险作业中使用呼吸防护用品应符合《缺氧危险作业安全规程》(GB 8958)的规定。

(12)应尽可能2人同时进入事故区域,并应配安全带和救生索。在危险区域外应至少留1人与进入人员保持有效联系,并应配备逃生和急救设备。

(13)低温环境下呼吸防护用品的使用

① 全面罩镜片应具有防雾或防霜的能力。

② 供气式呼吸防护用品或携气式呼吸防护用品使用的压缩空气或氧气应干燥。

③ 使用携气式呼吸防护用品的人员应了解低温环境下的操作注意事项。

(14)过滤式呼吸防护用品过滤元件的更换

防毒过滤元件的使用寿命受空气污染物种类及其浓度、使用者呼吸频率、环境温度和湿度条件等因素影响。一般按照下述方法确定防毒过滤元件的更换时间：

① 当使用者感觉空气污染物味道或刺激性时，应立即更换。

② 对于常规作业，建议根据经验、实验数据或其他客观方法，确定过滤元件更换时间表，定期更换。

③ 每次使用后记录使用时间，帮助确定更换时间。

④ 普通有机气体过滤元件对低沸点有机化合物的使用寿命通常会缩短，每次使用后应及时更换。对于其他有机化合物的防护，若两次使用时间相隔数日或数周，重新使用时也应考虑更换。

(15)供气式呼吸防护用品的使用

① 使用前应检查供气气源质量，气源不应缺氧，空气污染物浓度不应超过国家有关的职业卫生标准或有关的供气空气质量标准。

② 供气管接头不允许与作业场所其他气体导管接头通用。

③ 应避免供气管与作业现场其他移动物体相互干扰，不允许碾压供气管。

(四)呼吸防护用品的维护

1.呼吸防护用品的检查与保养

(1)应按照呼吸防护用品使用说明书中有关内容和要求，由受过培训的人员实施检查和维护，对使用说明书未包括的内容，应向生产者或经销者咨询。

(2)应对呼吸防护用品做定期检查和维护。

(3)携气式呼吸防护用品使用后应立即更换用完的或部分使用的气瓶或呼吸气体发生器，并更换其他过滤部件。更换气瓶时不允许将空气瓶和氧气瓶互换。

(4)应按国家有关规定，在具有相应压力容器检测资格的机构定期检测空气瓶或氧气瓶。

(5)应使用专用润滑剂润滑高压空气或氧气设备。

(6)不允许使用者自行重新装填过滤式呼吸防护用品滤毒罐或滤毒盒内的吸附过滤材料，也不允许采取任何方法自行延长已经失效的过滤元件的使用寿命。

2.呼吸防护用品的清洗与消毒

(1)个人专用的呼吸防护用品应定期清洗和消毒，非个人专用的每次使用后都应清洗和消毒。

(2)不允许清洗过滤元件。对可更换过滤元件的过滤式呼吸防护用品,清洗前应将过滤元件取下。

(3)清洗面罩时,应按使用说明书要求拆卸有关部件,使用软毛刷在温水中清洗,或在温水中加入适量中性洗涤剂清洗,清水冲洗干净后在清洁场所避日风干。

(4)若需使用广谱消毒剂消毒,在选用消毒剂时,特别是需要预防特殊病菌传播的情形,应先咨询呼吸防护用品生产者和工业卫生专家。应特别注意消毒剂生产者的使用说明,如稀释比例、温度和消毒时间等。

3. 呼吸防护用品的储存

(1)呼吸防护用品应保存在清洁、干燥、无油污、无阳光直射和无腐蚀性气体的地方。

(2)若呼吸防护用品不经常使用,建议将呼吸防护用品放入密封袋内储存。储存时应避免面罩变形。

(3)防毒过滤元件不应敞口储存。

(4)所有紧急情况和救援使用的呼吸防护用品应保持待用状态,并置于适宜储存、便于管理、取用方便的地方,不得随意变更存放地点。

四、躯体、手、足等防护用品及选用

在危险化学品事故应急救援中,为确保救援人员免受毒气、强酸强碱、高温等侵害通常要求救援人员必须穿戴防化服、防火服、防火防化服等躯体防护用品及与之配套使用的其他头部、脚部和手部防护用品。因此这些用品的正确选择与使用对事故的应急救援起着至关重要的作用。

(一)化学防护服

化学防护服是防御有毒、有害化学品直接损害皮肤或经皮肤吸收伤害人体的防护服。

1. 化学防护服的种类

(1)气体致密型化学防护服

气体致密型化学防护服有如下特征：

① 是为抵御气态危险化学品与皮肤接触进而伤害人体的防护服，该类型化学防护服也用于液态化学品和固态粉尘的防护；

② 是全身包裹密封式的连身服，有可重复使用和有限次使用两个种类；

③ 防护服的制作材料、接缝、拉链等接合部分都有严格的气体密封性要求；

④ 该防护服作为最高等级的防护时，对人体暴露在可经皮肤吸收、或致癌或剧毒性的气体化学物和高蒸气压的化学雾滴有很好的隔绝作用；

⑤ 如果所接触的化学品（单质或混合物）毒性（品种、浓度等）未知，应选择防护范围最广、防护等级最高的化学防护服；

⑥ 该防护服将人体与外界完全隔绝，需提供可呼吸的独立气源，有多种款式的服装可供选择：空气呼吸装置内置的气体致密型化学防护服、空气呼吸装置外置的气体致密型化学防护服、与正压式供气系统连接使用的气体致密型化学防护服。

（2）液体致密型化学防护服

液体致密型化学防护服是为防液态化学品伤害人体的防护服。服装可以是全身式的防护，或者是局部的防护，从防护功能看，液体致密型化学防护服包括：

① 防液态化学品渗透的防护服，用于因接触高浓度的剧毒液体（非挥发性）泼溅、接触、浸入而进行的防护，该类防护服有连身服和非连身服（由上衣和裤子组成）；

② 防化学液体穿透的防护服，用于防御无压状态下非挥发性的雾状危险化学品伤害人体，对于高压状态下的雾状危险化学品应做气体致密防护，该类防护服有连身服和非连身服（由上衣和裤子组成）；

③ 局部防化学液体渗透的防护服，仅适用于局部接触危险化学品的作业场所，如实验用外套、防化围裙、夹克等。

（3）粉尘致密型化学防护服

粉尘致密型化学防护服是用来防止化学粉尘和矿物纤维穿透的

防护服。这类化学防护服是全身式的防护服装。

注:粉尘致密型化学防护服仅适用于对空气中飘浮的粉尘的防护,不适用于其他形式的固态化学品的防护。

化学防护服的分类见表 3-2。

表 3-2　化学防护服分类

类型	服装种类	服装描述
气体致密型化学防护服	可重复使用和有限次使用	内置空气呼吸器(如 SCBA)的气体致密型化学防护服
		外置空气呼吸器的气体致密型化学防护服
		带正压供气式呼吸防护装备的气体致密型化学防护服
液体致密型化学防护服	可重复使用和有限次使用	防化学液体的化学防护服
		防化学液体的局部化学防护服
粉尘致密型化学防护服	可重复使用和有限次使用	防化学粉尘穿透的化学防护服

注:SCBA 是指携气式呼吸防护用品。

2. 化学防护服的选择

(1)化学防护服的选择原则

① 当确定需要使用化学防护服保护个体安全与健康时,所选择的化学防护服在预期风险中、任务持续时间内和作业人员工作条件下应能抵御化学品危害。

② 正确选择化学防护服,首先应根据化学品危害性选择防护性能适宜的化学防护服。根据化学防护服抵御危险化学品的能力将它的防护性能分成高或低等级:低等级的防护,化学防护服为避免穿着者身体某一部位偶尔接触低毒性的化学品提供保护;高等级的防护,化学防护服避免穿着者受工作场所存在的剧毒品、有毒品或有害品的伤害。

③ 选用化学防护服的防护能力应不低于防护危害最大的化学品。若作业场所同时存在一种以上的化学污染物,应分别评估每种化学污染物的危害程度,重点防护危害性最大的化学品。

④ 对于某一特定危险化学品作业环境,在确定所使用的化学防护服类别之后,应进一步参考服装和材料的其他性能指标(如织物弯

曲强度或化学防护性)。关于这些性能指标,供应商有责任提供充分的实验数据供用户参考。

各类型化学防护服的使用示例,见表 3-3。

表 3-3　各类型化学防护服的使用示例

防护性能等级	类型	危害物性质	危害物的物理形态	适用示例	备注
高	气体致密型化学防护服	剧毒品	气体状态	化学气体泄漏事故处理;熏蒸工艺的工作场所;存在强挥发性液体(如二氯甲烷)的密闭空间	谨防化学品状态的变化,如固体的升华、液体的挥发,以及两种物质的化学反应等
		剧毒品	非挥发性的气雾/液态、气溶胶	酸雾处理作业场所;特殊的喷涂作业;制药生产线	
	液体致密型化学防护服	剧毒品	非挥发性液体不间断地喷射	化学液体泄漏事故处理;化工设备(如硫酸输送压力管道)维护时的化学液体的意外泄露	防液体渗透的化学防护服
		有毒品/有害品	非挥发性的雾状液体的喷射	工业喷射应用(如喷漆);会产生雾状化学品的农业操作	防化学液体穿透的化学防护服
	粉尘致密型化学防护服	有毒品/有害品	固体粉尘	爆破和废料回收工作;会产生危险化学粉尘的农业操作;石棉操作	防化学粉尘和矿物纤维的穿透的化学防护服
低	液体致密型化学防护服	刺激品/皮肤吸收	只有暴露时才会直接接触的低风险	一般的农作物药物喷射作业;实验室化学处理作业	防局部渗透的化学防护服

（2）化学防护服的选择程序

选择合适的化学防护服，应按以下程序：

① 化学防护服的类型应满足预期的防护要求。

② 服装材料的化学防护性能和机械性能应达到预期的防护要求，同时应考虑工作环境、作业过程和使用后污染最小原则。

③ 选择合身的化学防护服。

④ 适当选择配套使用的其他个体防护装备。

⑤ 用于存在爆炸危险的化学抢险事故现场的化学防护服必须附加阻燃功能和耐高温功能。

⑥ 在易燃易爆或有静电危害的作业环境中，所使用的化学防护服必须具有防静电功能。

⑦ 选择符合标准的化学防护服，并在服装上有明确的标准标识。

3.化学防护服的使用

（1）化学防护服的使用原则

① 任何化学防护服的防护功能都是有限的，应让使用者了解其所使用的化学防护服的局限性。

② 使用任何一种化学防护服都应仔细阅读产品的使用说明，并严格按要求使用。

③ 用人单位有责任向员工提供合适的化学防护服，并指导其使用。

④ 穿着化学防护服前，应进行外观缺陷检查，如服装上有裂痕、严重的磨损、烧焦、老化、穿孔等明显的损坏，不允许使用。

⑤ 在使用化学防护服前，使用者和其他相关人员应接受适当的培训，并确保其他必要的支持系统（如净化设备、使用与维护记录体系和配置）准备就位。

⑥ 进入有害环境前，应先穿好化学防护服；在有害环境作业的人员，应始终穿着化学防护服。

⑦ 化学防护服被危险化学品污染后，应在指定区域脱下服装。若危险化学品接触到皮肤，应进行简单的急救处理：

a.剧毒品　立即脱去衣服,用大量水冲洗至少 15 min,就医。

b.有毒品　脱去衣服,用大量水冲洗至少 15 min,就医。

c.有害品　脱去污染的衣服,用肥皂水和清水冲洗皮肤。

d.腐蚀品　立即用大量水冲洗至少 15 min。若有灼伤,就医。

⑧ 若化学防护服在某种作业场所中迅速失效,应重新评价所选化学防护服的适用性。

⑨ 应对所有使用化学防护服的人员进行定期体检。

(2)化学防护服的使用培训

① 化学防护服功效的发挥取决于穿着者对产品信息的掌握和正确的使用,所以用人单位有责任对化学防护服的使用者进行正规的安全使用培训。

② 化学防护服的使用者应被告知使用原因,并被要求严格执行供应商提供的产品使用和维护的相关规定。

③ 除穿着者外,受训人员还包括其他相关人员,如协助穿着化学防护服的工作人员、负责化学防护服清洁和保养的工作人员等。

④ 培训至少包括以下内容:

a.其所从事工作的危害性和穿着化学防护服的必要性;

b.正确认知化学容器上的危险标志;

c.化学防护服的功能和局限性;

d.安全穿着和使用的程序;

e.对化学防护服缺陷的识别与污染的报告;

f.日常检查方法;

g.避免已污染的服装和干净的服装交叉混用的注意事项;

h.化学防护服使用说明书上的内容。

⑤ 培训应由专业人员来执行;

⑥ 所有培训都应有书面记录;培训制度要通过常规监督不断完善巩固,同时要能经受起应急的考验。培训的内容要不断地更新以保持其先进性。

(3)化学防护服使用注意事项

化学防护服使用时应注意以下事项:

① 应该实施程序化的制度确保准确地发放化学防护服。

② 污垢以及残留的化学品会影响可重复使用的化学防护服的防护性能,正确消洗污染物能延长其使用的寿命或次数。

③ 污染后的化学防护服应按一定的顺序脱下,必要时可寻求帮助者,以最大程度减小二次污染的可能性。以下做法可有效地阻止污染的扩散:

a. 对其外层消毒时,事先除去手套和鞋类;

b. 除去化学防护服时使内面外翻;

c. 脱去受污染的服装,若污染物可能危害呼吸系统,应考虑使用呼吸防护装备。

④ 脱下受污染的化学防护服时,同样应考虑帮助者的安全防护措施。

⑤ 污染衣脱下后应置于指定的地方,最好放在密闭容器内。

⑥ 不应在食品和饮料的消费区域、吸烟区和化妆区等地方穿着化学防护服。

⑦ 穿上化学防护服后要注意个人卫生,不应吸烟、吃东西、喝饮料、使用化妆品或者去厕所。

4. 化学防护服的维护

(1) 被污染服装的处理

① 可重复使用的化学防护服被危险化学品污染后应及时处理,参考生产商的指导有效地进行消洗,但应注意许多化学品会渗进化学防护服并影响它的防护效力。

② 有限次使用的化学防护服被化学品污染后应废弃。

③ 任何被废弃或污染过的化学防护服都应被安全处理。可由使用方按照污染物的处理要求自行处理,或由使用方委托专业废弃物处理机构进行处理。

(2) 化学防护服的清洗

① 清洗是清洗外层的污垢,服装内层的清洗只是出于卫生的考虑。

② 有限次使用的化学防护服如果没被危险化学品污染,并有明确标识可清洗的,清洗后才能再次使用。

③ 任何清洗剂要按照生产商的建议使用,清洗人员应熟知制造商的产品清洗建议和污染物的性质。

(3)化学防护服的修复

化学防护服清洗完毕应进行详细的检查,如果发现损坏,应根据说明书修复指导进行修复,或者寄回厂里进行修复,重新检测合格后,修复过的化学防护服方可安全使用。

(4)化学防护服的使用记录

按照化学防护服的类型记录使用情况,使用记录的内容包括:

① 该服装的标志(类型和规格);

② 生产/出厂时间;

③ 检查和测试的记录;

④ 可重复使用的化学防护服的使用记录,包括使用日期、使用情况、使用者的名字;

⑤ 清洗/除污相关记录;

⑥ 修复记录;

⑦ 弃用日期和原因。

(二)防火服

防火服主要用于危险化学品导致的火灾或爆炸事故现场灭火救援人员的防护,这些服装大多数都选用耐高温、不易燃、隔热、遮挡辐射热效率高的材料制成。常用的有防火隔热服、避火服、防火防化服。

(1)**防火隔热服**　防火隔热服由隔热头罩、上衣、下裤、手套、护脚等组成,分为夹衣、棉衣、单衣三种。主要由聚酯纤维作基料,外表为铝箔层,故也称为铝箔隔热服。铝箔隔热服的表面经轧花处理,具有漫反射性能,表面光泽银白,不但具有良好的反辐射热效果,而且可防水和耐寒。主要用于靠近或接近火源进行作业,如危险化学品泄漏后发生火灾现场的近火关阀,或进入火场侦察和救人等。其辐射反射率≥90%;阻燃时间≤5 s;对人体造成二度烧伤的辐射热强度下可以照射30 s,织物表面温升≤4.5 ℃。

(2)**避火服**　避火服采用高硅氧玻璃纤维及表面阻燃处理技术制造,具有优越的抗火焰燃烧、抗热辐射渗透和整体抗热性能。其面料一般由三层构成,表层为反射辐射热层,中间层为耐燃的防热防蒸气层,内层为棉绒织物,具有柔软舒适吸汗的作用。主要用于短时间穿越火区,短时间进入火场侦察、救人、关阀、抢救贵重物资等。其防火温度可达 830 ℃,防辐射温度为 1100 ℃。在 13.6 kW/m² 的热辐射下 2 min,服装内表面温升≤25 ℃;在 100 ℃模拟火场内,着装进入 30 s,其表面温升≤13 ℃。

(3)防火防化服　防火防化服由上衣和裤子组成,采用内外两层材料制作而成。外层均匀喷涂有耐火材料或镀上铝保护层,能在短时间内抵御高温对人体的袭击。内层为防化材料,可以防止液态或气态的有毒有害化学品对人体的侵袭。主要是在执行同时伴有危险化学品泄漏和火灾事故救援时使用。

(三)手、足部防护用品

在危险化学品事故现场救援人员主要使用耐腐蚀和耐高热的手套和鞋(靴)来保护手、脚部免受化学物质的腐蚀、渗透和高温的威胁。常用的有耐酸碱手套、防火隔热手套和隔热胶靴等。

1.防化手套和防化靴

防化手套和防化靴应具有良好的耐酸碱性能和抗渗透性能,主要用于有酸碱及其他腐蚀性液体或有腐蚀性液体飞溅的场所。

2.防火隔热手套

采用高强度耐高温纤维织物制成,手背部位加铝膜覆面层以隔绝辐射热,里层采用不燃性合成纤维毡以防热传导,该手套可接触赤热燃烧物。

3.隔热胶靴

隔热胶靴的筒部、脚部、底及后跟表面采用耐热橡胶,中层采用绝热海绵层或绝热石棉层,脚趾前部用金属护板加强,以防止掉落物落下而击伤,内表面使用棉针织物,表面涂耐热银色,为防止扎透,内层放置薄钢板。

第二节　危险化学品事故现场急救

危险化学品事故现场急救是指发生危险化学品事故时,为了减少伤害、救援受害人员、保护人群健康而在事故现场所采取的一切医学救援行动和措施。

危险化学品事故现场急救的意义和目的有：

（1）挽救生命。通过及时有效的急救措施如对心跳呼吸停止的病人进行心肺复苏，以达到救命的目的。

（2）稳定病情。在现场对病人进行对症治疗及相应的特殊治疗与处置，以使病情稳定，为后一步的抢救打下基础。

（3）减少伤残。发生危险化学品事故特别是重大或灾害性危险化学品事故时，不仅可能出现群体性化学中毒、化学性烧伤，往往还可能发生各类外伤，诱发潜在的疾病或使原来的某些疾病恶化，现场急救时正确地对病伤员进行冲洗、包扎、复位、固定、搬运及其他相应处理可以大大地降低伤残率。

（4）减轻痛苦。通过一般及特殊的救护达到稳定病人情绪、减轻病人痛苦的目的。

一、现场急救原则

危险化学品事故现场的救护原则是根据危险化学品事故的特点而制定的。事故现场一般都比较复杂和混乱，救灾医疗条件艰苦，事故后瞬间可能出现大批伤员，而且伤情复杂，大量伤员同时需要救护。所以危险化学品事故现场救治应遵循以下原则。

（1）立即就地、争分夺秒、坚持不懈。该原则强调的是救人和抢险的速度，只有快速的行动，才能赢得最终的胜利。泄漏的有毒气体、挥发性液体导致现场人员中毒的反应速度相当快，往往一口毒气就会造成窒息，因此，现场救护人员要迅速佩戴上呼吸器将中毒者移至安全地点，并立即进行人工呼吸。

（2）先群体，后个人。在救护现场如遇受有毒气体威胁人数较多的情况时，要遵循"先救受毒气威胁人数较多的群体，后救受毒气威胁的个人"的原则。

（3）先危重，后较轻。当遇到多个需要救治的中毒者时，要先救治危重的中毒者，后救治较轻的中毒者。如果参与救治的人员较多，可采取分头救治的办法。如果救治中毒者时发现有伤口严重流血，要按"先治较重的部位，后治较轻的部位"的原则，进行快速止血包扎，防止中毒者因流血过多而造成死亡；如果救护者多于被救者，应同时进行人工呼吸与伤口包扎。

（4）防救兼顾。深入有毒区域进行救人的救护者一定要加强自身防护，如果自己没有穿戴救护用具，就会造成不但没有达到救人的目的，反而使自己中毒甚至生命受到威胁的恶果。另外，在救护人员充足的情况下，救治人员与排除毒气的工作要分头同时进行，因为救人是首要的任务，排毒的目的也是为了救人。

二、现场急救须知

1. 现场急救程序

（1）安全进入毒物污染区，切断毒物来源。进行危险化学品事故救援的人员必须安全迅速地进入事故现场，救援人员必须佩戴空气呼吸器、化学防护服等个人防护用品，在保证自身安全的前提下进行救援工作。救护人员在进入事故现场后，应迅速采取果断措施切断毒物的来源，防止毒物继续外逸。对已经逸散出来的有毒气体或蒸气，应立即采取措施降低其在空气中的浓度，为进一步开展抢救工作创造有利条件。

（2）迅速将伤员脱离污染区，转移到通风良好的场所。在搬运过程中要沉着、冷静，不要强抢硬拉，防止造成骨折。如已有骨折或外伤，则要注意包扎和固定。

（3）彻底清除毒物污染，防止继续吸收。先脱去受污染的衣物，然后用大量微温的清水冲洗被污染的皮肤；对于能被皮肤吸收的毒物及化学灼伤，应在现场用清水或其他解毒剂、中和剂冲洗。

（4）对患者进行现场急救治疗，迅速抢救生命。把患者从现场中抢救出来后，要采取正确的方法，对患者进行紧急救护。首先应松解患者的衣扣和腰带，维护呼吸道畅通，并注意保暖；然后去除患者身上的毒物，防止毒物继续侵入人体；再对患者的病情进行初步检查，重点检查患者是否有意识障碍、呼吸和心跳是否停止，有无出血或骨折等。对于心跳停止者，立即拳击心脏部位的胸壁或做胸外心脏按压，直接对心脏内注射肾上腺素或异丙肾上腺素，抬高下肢使头部低位后仰；对于呼吸停止者，立即进行人工呼吸，最好用口对口吹气法；人工呼吸和胸外按压可同时交替进行，直至恢复自主心搏和呼吸；最后根据患者的症状、中毒的途径以及毒物的类型采取相应的急救方法。

2. 现场急救须知

(1)染毒区人员撤离现场的注意事项

① 做好防护再撤离。染毒区人员撤离前应自行或相互帮助戴好防毒面罩或者用湿毛巾捂住口鼻，同时穿好防毒衣或雨衣(风衣)，把暴露的皮肤保护起来免受损害。

② 迅速判明上风方向。撤离现场的人员应迅速判明风向，可利用旗帜、树枝、手帕来辨明风向。

③ 防止继发伤害。染毒区人员应尽可能利用交通工具向上风向快速转移。撤离时，应选择安全的撤离路线，避免横穿毒源中心区域或危险地带，防止发生继发伤害。

④ 应在安全区域实行急救。遇呼吸心跳骤停的病伤员应立即将其运离染毒区后，就地立即实施人工心肺复苏，并通知其他医务人员前来抢救，或者边做人工心肺复苏边就近转送医院。

⑤ 发扬互帮互助精神。染毒区人员应在自救的基础上，帮助同伴一起撤离染毒区域，已受伤或中毒的人员更是需要他人的救助。

(2)救援人员进入染毒区域的注意事项

① 救援人员进入染毒区域必须事先了解染毒区域的地形，建筑物分布，有无爆炸及燃烧的危险，毒物种类及大致浓度，正确选择合适的防毒面具和防护服。

② 应2～3人为一组集体行动，以便互相监护照应。所用的救援装备须具备防爆功能。

③ 进入染毒区的人员必须明确一位负责人，指挥协调在染毒区域的救援行动，最好配备一部对讲机随时与现场指挥部及其他救援队伍联系。

(3)开展现场急救工作时的注意事项

① 做好自身防护。要备好防毒面罩和防护服,在现场急救过程中要注意风向的变化,一旦发现急救医疗点处于下风向遭受到污染时,立即做好自身及伤病员的防护,并迅速向安全区域转移,重新设置现场急救医疗点。

② 实行分工合作。在事故现场特别是有大批伤病员的情况下,现场救援人员应实行分工合作,做到任务到人,职责明确,团结协作。

a.检伤分类组:负责伤病员的初检分类。

b.危重病人急救组:负责危重病人的现场急救如心肺复苏及其他危急症的处理。

c.一般病员救治组:负责一般病员的处理如冲洗、中和、止血、包扎、复位、固定及其他一般性救护工作。

d.病员转运组:视病员情况给予就地救治后安排车辆转送,特殊病员在有医学监护的情况下转送。

e.现场调查监测组:对事故现场进行调查分析、空气监测等。

f.现场救援医疗分队:必须明确队长1名,副队长1~2名,负责现场急救工作的组织、指挥、协调。

③ 注意保护好伤病员的眼睛。在为伤病员作医疗处置的过程中,应尽可能地保护好伤病员的眼睛,切记不要遗漏对眼睛的检查和处理。

④ 处理污染物。要注意对伤员污染衣物的处理,防止发生继发性损害。

特别是对某些毒物中毒(如氰化物、硫化氢)的病人做人工呼吸时,要谨防救援人员再次引起中毒,因此不宜进行口对口人工呼吸。

(4)现场救治原则

① 立即解除致病原因,脱离事故现场。

② 置神志不清的病员于侧卧位,防止气道梗阻,缺氧者给予氧气吸入,呼吸停止者立即施行人工呼吸,心跳停止者立即施行胸外心脏按压。

③ 皮肤烧伤应尽快清洁创面,并用清洁或已消毒的纱布保护好

创面,酸、碱及其他化学物质烧伤者用大量流动清水冲洗足够时间后(一般不少于 20 min),再进一步进行处置,禁止在创面上涂敷消炎粉、油膏等;眼睛灼伤后要优先彻底冲洗。

④ 如系严重中毒要立即在现场实施病因治疗及相应对症支持治疗;一般中毒病员要平坐或平卧休息,密切观察监护,随时注意病情的变化。

⑤ 骨折,特别是脊柱骨折时,在没有正确固定的情况下,除止血外应尽量少动伤员,以免加重损伤。

⑥ 勿随意给伤病员饮食,以免呕吐物误入气管内。

⑦ 置患者于空气新鲜、安全清静的环境中。

⑧ 防止休克,特别是要注意保护心、肝、脑、肺、肾等重要器官功能。

(5)转送伤病员的注意事项

① 合理安排车辆。在救护车辆不够的情况下,对危重病员应在医疗监护的情况下安排急救型救护车转送,中度伤病员安排普通型救护车转送,对轻度伤病员可安排客车或货车集体转送。

② 合理选送医院。转送伤病员时,应根据伤病员的情况以及附近医疗机构的技术力量和特点有针对性地转送,避免再度转院。如一氧化碳中毒病人宜就近转到有高压氧舱的医院,有颅脑外伤的病人尽可能转送有颅脑外科的医院,烧伤严重的伤员尽可能转送有烧伤力量的医院。但是必须注意避免一味追求医院条件而延误抢救时机。

三、急性化学中毒现场急救

1. 急性化学中毒现场救治要点

(1)将患者移离中毒现场,至空气新鲜场所给予吸氧,脱除污染的衣物,用流动清水及时冲洗皮肤,对于可能引起化学性烧伤或能经皮肤吸收中毒的毒物更要充分冲洗,时间一般不少于 20 min,并考虑选择适当中和剂中和处理;眼睛有毒物溅入或引起灼伤时要优先迅速冲洗。

(2)保护呼吸道通畅,防止梗阻。密切观察患者意识、瞳孔、血压、呼吸、脉搏等生命体征,发现异常立即处理。

(3)中止毒物的继续吸收。皮肤污染,冲洗不够时要用冲洗和中和等方法。经口中毒,毒物为非腐蚀性者,立即用催吐或洗胃以及导泻的办法使毒物尽快排出体外。但腐蚀性毒物中毒时,一般不提倡用催吐与洗胃的方法。

(4)尽快排出或中和已吸收进入体内的毒物,解除或对抗毒物毒性。通过输液、利尿、加快代谢的方式,用排毒剂和解毒剂清除已吸收进入体内的毒物。排毒剂主要指金属络合剂,解毒剂指能解除毒作用的特效药物。

(5)对症治疗,支持治疗。保护重要器官功能,维持酸碱平衡,防止水电解质紊乱,防止继发感染以及并发症和后遗症。

2. 急性化学中毒现场救治注意事项

(1)急性化学中毒现场救治非常重要,处理恰当可阻断或减轻中毒病变的发展;反之,则可加重或诱发严重病变。一些刺激性气体中毒,如早期安静休息,常可避免肺水肿发生,如休息不当、活动太多,精神紧张往往促使肺水肿的发生。"亲神经"毒物中毒早期必要限制进入水量,尤其是静脉输液,如在潜伏期或中毒早期输液过多过快,可促使发生严重脑水肿。

(2)中毒病情有时较重较快,故需密切观察,详细记录。并随时掌握主要临床表现,及时采取救治措施。治疗中还应预防继发或并发性病变,如中毒性脑病进展期应防止呼吸中枢抑制及脑疝形成,昏迷期应防止继发感染;恢复期患者体力精神状态都未恢复时,应防止发生其他意外(如跌伤)。

(3)抢救过程中维持水电解质和酸碱平衡非常重要,准确地记录出入水量,调整输液总量及电解质量,使机体环境保持稳定。

(4)可引起急性中毒的毒物成千上万,多种多样,有些毒物不但缺乏临床资料,即使毒理资料也缺乏,同时由于个体差异,吸入量不同或有毒物含有杂质,使中毒患者的临床表现差异较大,变化较多,在这种情况下,必须根据病情进行对症治疗。

(5)一些药物如排毒剂及解毒剂这些特殊药物,在现场急救时应抓紧时机,尽量应用,否则当毒物已造成严重器质性病变时,其疗效将明显降低;同时随病情进展,一些继发性或并发的病变可能转为主要矛盾,使特效药无法发挥其作用;剂量过大,可产生副作用,故必须结合具体情况随时调整剂量。

（6）在急性化学中毒的现场救治中,使用一些中医、中药、针灸等治疗方法,简单易行,方便有效,常收到意想不到的效果。

四、自救与互救

危险化学品事故具有突发性,因此要求现场作业人员具有自救、互救的能力。

自救是指发生危险化学品事故时,事故单位实施的救援行动以及在事故现场受到事故危害的人员自身采取的保护防御行为。自救是危险化学品事故现场急救工作最基本、最广泛的救援形式。自救行为的主体是企业及职工本身。由于他们对现场情况最熟悉、反应速度最快,发挥救援的作用最大,危险化学品事故现场急救工作往往通过自救行为可以控制或解决问题。

互救（他救）是指发生危险化学品事故时,事故现场的受害人员相互之间的救护以及他人或企业救护队伍或社会救援力量组织实施的一切救援措施与行动。互救（他救）是救死扶伤的人道主义和互帮互助的社会主义精神文明的体现。在发生大的危险化学品事故特别是灾害性危险化学品事故时,在本身救援力量有限的情况下,争取他人救助和社会力量的救援相当重要。危险化学品事故应急救援中心在危险化学品事故医疗救援中,会充分发挥急救、技术咨询、指导、培训的作用,为救援工作作出应有贡献。

自救与互救（他救）,是危险化学品事故应急救援工作中两种不能截然分开的重要的基本形式。救援人员——企业职工,特别是医务人员必须掌握自救与互救方面的一些基础知识和基本技能,如胸外心脏按压、人工呼吸、防护用品的使用、事故状态下的紧急逃生、撤离、烧伤或触电的现场紧急处置、外伤急救四大技术等,使现场急救工作成效显著。

第三节　院前急救术

危险化学品事故现场以中毒、烧伤、严重创伤、复合伤和同时多人受伤为特点。严重的烧伤和中毒可导致人员的心、脑等重要器官功能障碍，出血过多会导致休克甚至死亡。正确、有效的现场救护能挽救伤员的生命，防止损伤加重和减轻伤员的痛苦，而心肺复苏、止血和包扎等院前急救术是事故现场急救的通用技术，现场救援人员掌握这些技术可在最短时间内挽救事故现场伤员的生命，为进一步治疗争取时间。

一、心肺复苏术

1.心肺复苏术的概念

心肺复苏术（cardio pulmonary resuscitation，CPR）是心跳、呼吸骤停和意识丧失等意外情况发生时，给予迅速而有效的人工呼吸与心脏按压使呼吸循环重建并积极保护大脑，最终使大脑智力完全恢复。简单地说，通过胸外按压、口对口吹气使猝死的病人恢复心跳、呼吸。

由急性心肌梗死、突发性心律失常以及意外事故（如溺水、电击、中毒、窒息、车祸、外伤、冻僵、药物过敏、手术、麻醉等）所引起的心跳呼吸骤停的患者，必须立即就地实施心肺复苏术。

由于复苏对象发生危险时多半不在医院，因而现场复苏成为挽救生命的唯一方式和希望所在。一般而论，在心跳停止 4 min 内能实施心肺复苏并在 8 min 内获得进一步医治者，救愈率可达 45％或更高；超过 6 min 者，大脑多已发生不可逆转的损害，复苏存活的可能性微小。国外将心肺复苏时限定为 4～5 min，在某些情况下（如冻僵、溺水）复苏时限可延长。

2.心肺复苏的五环生存链

心肺复苏术分为三个阶段，即基础生命支持（basic life support，BLS）、高级生命支持（advanced life support，ALS）和延续生命支持（prolonged life support，PLS）。在现场或紧急救护中使用最多的技术还是 BLS,包括开放气道、人工呼吸和胸外心脏按压。BLS 也是 ALS 和 PLS 的基础。

美国心脏协会(AHA)《2015 AHA 心肺复苏及心血管急救指南更新》规定的院外心脏骤停生存链的五个链环(图 3-3)为:

(1)识别和启动应急反应系统;

(2)即时高质量心肺复苏;

(3)快速除颤;

(4)基础及高级急救医疗服务;

(5)高级生命维持和骤停后护理。

图 3-3 院外心脏骤停生存链

3.心肺复苏实施步骤

基础生命支持(BLS)又称现场急救,目的是在心脏骤停后,立即以徒手方法争分夺秒地进行复苏抢救,以使心搏骤停病人心、脑及全身重要器官获得最低限度的紧急供氧(通常按正规训练的手法可提供正常供血的 $25\%\sim30\%$)。BLS 的基础包括突发心脏骤停(sudden cardiac arrest,SCA)的识别、紧急反应系统的启动、早期心肺复苏(CPR)、迅速使用自动体外除颤仪(automatic external defibrillator,AED)除颤。《2015 AHA 心肺复苏及心血管急救指南更新》中包含一个比较表,其中列出成人、儿童和婴儿基础生命支持的关键操作元素(不包括新生儿的心肺复苏)。这些关键操作元素包含在表 3-4 中。

表 3-4　BLS 人员进行高质量 CPR 操作要点

内容	成人和青少年	儿童 （1 岁到青春期）	婴儿（不足 1 岁， 除新生儿以外）
现场安全	确保现场对施救者和患者均是安全的		
识别心脏骤停	检查患者有无反应 无呼吸或仅是喘息（即呼吸不正常） 不能在 10 s 内明确感觉到脉搏 （10 s 内可同时检查呼吸和脉搏）		
启动应急反应系统	如果您是独自一人 且没有手机，则离开患者， 启动应急反应系统并取 得 AED， 然后开始心肺复苏， 或者请其他人去，自己则开 始心肺复苏； 在 AED 可用后尽快使用	有人目击的猝倒， 对于成人和青少年，遵照左侧的 步骤； 无人目击的猝倒， 给予 2 min 的心肺复苏， 离开患者去启动应急反应系统并 获取 AED， 回到该儿童身边继续心肺复苏； 在 AED 可用后尽快使用	
没有高级气道的 按压—通气比	1 或 2 名施救者 30 : 2	1 名施救者 30 : 2 2 名以上施救者 15 : 2	
有高级气道的 按压—通气比	以 100 至 120 次每分钟的速率持续按压 每 6 s 给予 1 次呼吸（每分钟 10 次呼吸）		
按压速率	100 至 120 次每分钟		
按压深度	至少 2 英寸（5 cm）	至少为胸部前后 径的 1/3， 大约 2 英寸（5 cm）	至少为胸部前后 径的 1/3， 大约 3/2 英寸 （4 cm）
手的位置	将双手放在胸骨 的下半部	将双手或一只手 （对于很小的儿童 可用）放在胸骨的 下半部	1 名施救者， 将 2 根手指放在 婴儿胸部中央， 乳线正下方； 2 名以上施救者， 将双手拇指环绕 放在婴儿胸部中 央，乳线正下方
胸廓回弹	每次按压后使胸廓充分回弹；不可在每次按压后依靠在患者胸上		
尽量减少中断	中断时间限制在 10 s 以内		

注：① 对于成人的按压深度不应超过 2.4 英寸（6 cm）。
　　② 缩写：AED，自动体外除颤器；CPR，心肺复苏。

（1）评估现场安全：急救者在确认现场安全的情况下轻拍患者的肩膀，并大声呼喊"你还好吗?"检查患者是否有呼吸。如果没有呼吸或者没有正常呼吸（即只有喘息），立刻启动应急反应系统。BLS 程序已被简化，已把"看、听和感觉"从程序中删除，实施这些步骤既不合理又很耗时间，基于这个原因，《2010 年国际心肺复苏指南》强调对无反应且无呼吸或无正常呼吸的成人，立即启动急救反应系统并开始胸外心脏按压。

（2）启动紧急医疗服务（emergency medical service，EMS）并获取 AED：

① 如发现患者无反应无呼吸，急救者应启动 EMS 体系（拨打120），取来 AED（如果有条件），对患者实施 CPR，如需要时立即进行除颤。

② 如有多名急救者在现场，其中一名急救者按步骤进行 CPR，另一名启动 EMS 体系（拨打 120），取来 AED（如果有条件）。

③ 在救助淹溺或窒息性心脏骤停患者时，急救者应先进行 5 个周期（或 2 min）的 CPR，然后拨打 120 启动 EMS 系统。

（3）脉搏检查：对于非专业急救人员，不再强调训练其检查脉搏，只要发现无反应的患者没有自主呼吸就应按心搏骤停处理。对于医务人员，一般以一手食指和中指触摸患者颈动脉以感觉有无搏动（搏动触点在甲状软骨旁胸锁乳突肌沟内）。检查脉搏的时间一般不能超过 10秒，如 10 秒内仍不能确定有无脉搏，应立即实施胸外心脏按压。

（4）胸外心脏按压（circulation，C）：胸外心脏按压是通过人工对心脏的挤压按摩，从而强迫心脏工作，促进血液循环，使心脏复苏，逐渐恢复正常心肌功能。

胸外心脏按压的具体操作如下：

① 确保患者仰卧于平地上或用胸外按压板垫于其肩背下，急救者可采用跪式或踏脚凳等不同体位，将一只手的掌根放在患者胸部的中央，胸骨下半部上，将另一只手的掌根置于第一只手上。手指不接触胸壁。

② 按压部位：成人的按压部位在胸骨的中 1/3 段与下 1/3 段的

交界处;若患者为儿童,抢救者以单手掌根按压,手臂伸直,垂直向下用力,按压部位在胸骨中 1/3 段;若患者为婴儿,抢救者将食指放在两乳头连线的中点与胸骨正中线交叉点的下方一横指处,以单手的中指和无名指合并平贴放在胸骨定位的食指旁进行按压,按压时将食指抬起或另一手放在婴儿背下。

③ 按压姿势(图 3-4):抢救者的上半身前倾,两肩位于双手的正上方,两臂伸直,垂直向下用力,借助于上半身的体重和肩、臂部肌肉的力量进行按压;按压时双肘须伸直,垂直向下用力按压,成人按压频率为 100～120 次/min,下压深度为 5～6 cm,每次按压之后应让胸廓完全回复。

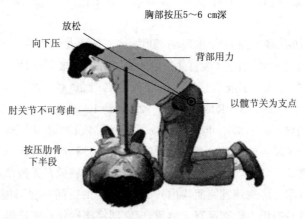

图 3-4　胸外心脏按压姿势

④ 按压时间与放松时间各占 50% 左右,放松时掌根部不能离开胸壁,以免按压点移位。

⑤ 按压应平稳、有规律地进行,不能冲击式按压或中断按压,每次按压后,双手放松使胸骨恢复到按压前的位置,放松时双手不要离开胸壁,一方面使双手位置保持固定,另一方面,减少胸骨本身复位的冲击力,以免发生骨折,每次按压后,让胸廓回复到原来的位置再进行下一次按压。

为了尽量减少因通气而中断胸外按压,对于未建立人工气道的成人,《2010 年国际心肺复苏指南》推荐的按压、通气比率为 30 : 2。对于婴儿和儿童,双人 CPR 时可采用 15 : 2 的比率。如双人或多人施救,应每 2 min 或 5 个周期 CPR(每个周期包括 30 次按压和 2 次人工呼吸)更换按压者,并在 5 s 钟内完成转换,因为研究表明,在按压开始 1~2 min 后,操作者按压的质量就开始下降(表现为频率和幅度以及胸壁复位情况均不理想)。因此国际心肺复苏指南强调持续有效胸外按压,快速有力,尽量不间断,因为过多中断按压,会使冠脉和脑血流中断,复苏成功率明显降低。

(5)开放气道(airway,A):在《2015 AHA 心肺复苏及心血管急救指南更新》中有一个重要改变是在通气前就要开始胸外按压。胸外按压能产生血流,在整个复苏过程中,都应该尽量减少延迟和中断胸外按压。而调整头部位置,实现密封以进行口对口呼吸,拿取球囊面罩进行人工呼吸等都要花费时间。采用 30 : 2 的按压通气比开始 CPR 能使首次按压延迟的时间缩短。

舌肌松弛、舌根后坠、咽后壁下垂是造成呼吸不通畅的常见原因,有时食物、痰、呕吐物、血块、泥沙等也能堵住气道的入口。因此,开放气道,保持呼吸道通畅是人工呼吸的第一步抢救技术。常用的开放气道的方法有仰头抬颏法和托颌法,注意在开放气道同时应该用手指挖出病人口中异物或呕吐物,有假牙者应取出假牙。

① 仰头抬颏法　如无颈部创伤,可采用仰头抬颏法(图 3-5)开放气道,用于解除舌根后坠阻塞的效果最佳。具体操作如下:首先解开患者的上衣,暴露胸部,松开裤带,急救者位于伤员一侧;为完成仰头动作,应把一只手放在患者前额,用手掌向下压前额并向后推,使头部后仰;另一只手的食指与中指放在下颌骨处,向上抬颏,使牙关紧闭,下颏向上抬动。注意手指勿用力压迫患者颈前、颏下部软组织,否则有可能压迫气道而造成气道梗阻。

② 托颌法　对疑有颈部外伤者,为避免损伤其脊椎,只采用托颌动作,而不配合使头后仰或转动的其他手法。具体操作方法如下:把手放置在患者头部两侧,肘部支撑在患者躺的平面上,握紧下颌角,用力向上托下颌,如患者紧闭双唇,可用拇指把口唇分开(图 3-

6)。如果需要进行口对口呼吸,则将下颌持续上托,用面颊贴紧患者的鼻孔。

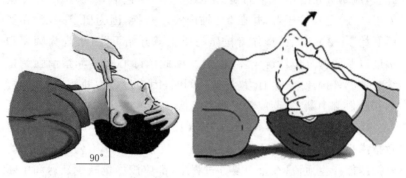

图 3-5　仰头抬颏法　　　　　　　图 3-6　托颌法

（6）人工呼吸（breathing,B）：给予人工呼吸前,正常吸气即可,无须深吸气;所有人工呼吸（无论是口对口、口对面罩、球囊-面罩或球囊对高级气道）均应该持续吹气 1 s 以上,保证有足够量的气体进入并使胸廓起伏;如第一次人工呼吸未能使胸廓起伏,可再次用仰头抬颏法开放气道,给予第二次通气;过度通气（多次吹气或吹入气量过大）可能有害,应避免。

实施口对口人工呼吸是借助急救者吹气的力量,使气体被动吹入肺泡,通过肺的间歇性膨胀,以达到维持肺泡通气和氧合作用,从而减轻组织缺氧和二氧化碳潴留。方法为:将受害者仰卧置于稳定的硬板上,托住颈部并使头后仰,用手指清洁其口腔,以清除气道异物,急救者以右手拇指和食指捏紧病人的鼻孔,用自己的双唇把病人的口完全包绕,然后吹气 1 s 以上,使胸廓扩张;吹气毕,施救者松开捏鼻孔的手,让病人的胸廓及肺依靠其弹性自主回缩呼气,同时均匀吸气,以上步骤再重复一次。对婴儿及年幼儿童复苏,可将婴儿的头部稍后仰,把口唇封住患儿的嘴和鼻子,轻微吹气入患儿肺部。如患者面部受伤则妨碍进行口对口人工呼吸,可进行口对鼻通气。深呼吸一次并将嘴封住患者的鼻子,抬高患者的下巴并封住口唇,对患者的鼻子深吹一口气,移开救护者的嘴并用手将受伤者的嘴敞开,这样气体可以出来。在建立了高级气道后,每 6 s 进行一次通气,而不必在两次按压间才同步进行(即呼吸频率 10 次/min)。在通气时不需要停止胸外按压。

(7)AED 除颤:心室纤维性颤动(ventricular fibrillation,VF,简称室颤)是成人心脏骤停的最初发生的较为常见而且是较容易治疗的心律。对于室颤患者,如果能在意识丧失的 3~5 min 内立即实施 CPR 及除颤,存活率是最高的。对于院外心脏骤停患者或在监护心律的住院患者,迅速除颤是治疗短时间 VF 的好方法。

4.注意事项

(1)任何急救开始的同时,均应及时拨打急救电话。

(2)抢救前,施救者首先要确保现场安全,确认患者无意识时即施行救助。

(3)实施心肺复苏术时,应将病人仰卧在平地或硬板上,如果患者处于俯卧位,应如图 3-7 所示,用左手托住患者颈部,右手从患者右侧腋下穿过,用膝盖顶住患者背部,将患者平稳翻转,平放于硬质地面。注意:翻转过程,身体不能扭曲。

图 3-7　俯卧位翻转示意图

(4)人工呼吸一定要在气道开放的情况下进行,向伤员肺内吹气不能不足、过多或过快,这些都可使空气进入胃部引起胃扩张,导致呕吐等副作用,仅需胸廓略有隆起即可。

（5）每次按压后必须完全解除压力，胸部回到正常位置，按压和放松所需要的时间相等。按压放松时，掌根不能离开按压位置，否则，将产生冲击伤害患者。

5.心肺复苏有效指标

（1）颈动脉搏动：按压有效时，每按压一次可触摸到颈动脉一次搏动，若中止按压搏动亦消失，则应继续进行胸外按压，如果停止按压后脉搏仍然存在，说明病人心搏已恢复。

（2）面色（口唇）：复苏有效时，面色由紫绀转为红润，若变为灰白，则说明复苏无效。

（3）其他：复苏有效时，可出现自主呼吸，或瞳孔由大变小并对光有反射，甚至有眼球活动及四肢抽动。

6.终止抢救的标准

现场 CPR 应坚持不间断地进行，不可轻易做出停止复苏的决定，如符合下列条件者，现场抢救人员方可考虑终止复苏：

（1）患者呼吸和循环已有效恢复。

（2）无心搏和自主呼吸，CPR 在常温下持续 30 min 以上，EMS 人员到场确定患者已死亡。

（3）有 EMS 人员接手承担复苏或其他人员接替抢救。

二、止血术

在各种突发事故中，常有外伤大出血的紧张场面。出血是创伤的突出表现，因此，止血是创伤现场救护的基本任务。

1.创伤出血分类

创伤出血分成三类，可以根据出血特征，明确止血方法（见表3-5）。

表 3-5　创伤出血类别

出血类别	出血特征
动脉出血	流血频率与心脏和脉搏一致，一股股流出，因伤及动脉而出血，流血极多，这时一定要送往医院，自己是不可能彻底止血的。在到达医院之前，需自行采取止血措施

续表

出血类别	出血特征
体皮出血	流血不多,因擦破体表的真皮层出血,一般伤口能自己愈合,愈合前应先用清水清洗伤口,如被生锈的金属划伤,千万不可用毛巾、纸巾遮盖止血。出血少时,稍坐,便能自愈,出血多时,则可用创可贴、酒精消毒后的棉球或无菌纱布止血
静脉出血	静脉出血,流血较多,但能够自愈,没有固定频率,随出血者身体运动而流出,只需先用清水清洗伤口,静坐一段时间,就能止血,也可用酒精消毒后的棉球或无菌纱布止血

2.止血材料

常用的止血材料有无菌敷料、粘贴创口帖和止血带等。另外,就地取材所用的布料止血带可用三角巾、毛巾、布料、衣物等折成三指宽的宽带。

3.止血方法

止血的方法有包扎止血、加压包扎止血、指压止血、加垫屈肢止血、填塞止血、止血带止血。一般的出血可以使用包扎、加压包扎法止血;四肢的动、静脉出血,如使用其他的止血法能止血的,就不用止血带止血。

操作要点:

① 尽可能戴上医用手套,如果没有,可用敷料、干净布片、塑料袋、餐巾纸为隔离层。

② 脱去或剪开衣服,暴露伤口,检查出血部位。

③ 根据伤口出血的部位,采用不同的止血法止血。

④ 不要对嵌有异物或骨折断端外露的伤口直接压迫止血。

⑤ 不要去除血液浸透的敷料,而应在其上另加敷料并保持压力。

⑥ 肢体出血应将受伤区域抬高到超过心脏的高度。

⑦ 如必须用裸露的手进行伤口处理,在处理完成后,用肥皂清洗手。

⑧ 止血带在万不得已的情况下方可使用。

(1)指压止血法:只适用于头、面、颈部及四肢的动脉出血急救,注意压迫时间不能过长。

① 顶部出血：在伤侧耳前，对准下颌耳屏上前方 1.5 cm 处，用拇指压迫颞浅动脉（图 3-8）。

② 头颈部出血：四个手指并拢对准颈部胸锁乳突肌中段内侧，将颈总动脉压向颈椎（图 3-9）。注意不能同时压迫两侧颈总动脉，以免造成脑缺血坏死。压迫时间也不能太久，以免造成危险。

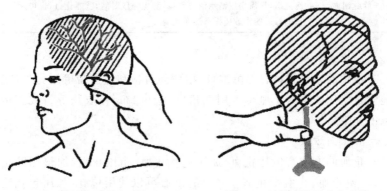

图 3-8 指压颞浅动脉　　　　　图 3-9 颈总动脉压迫止血点

③ 上臂出血：一手抬高患肢，另一手四个手指对准上臂中段内侧压迫肱动脉（图 3-10）。

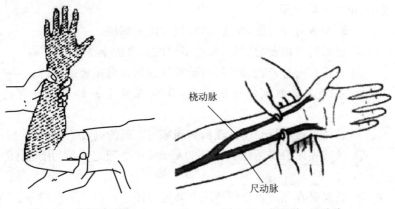

图 3-10 指压肱动脉　　　　图 3-11 指压桡、尺动脉

④ 手掌出血:将患肢抬高,用两手拇指分别压迫手腕部的尺、桡动脉(图 3-11)。

⑤ 大腿出血:在腹股沟中稍下方,用双手拇指向后用力压股动脉(图 3-12)。

⑥ 足部出血:用两手拇指分别压迫足背动脉和内踝与跟腱之间的颈后动脉(图 3-13)。

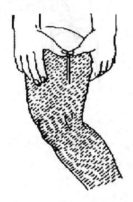 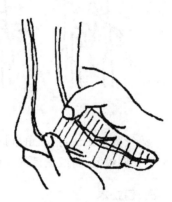

图 3-12　指压股动脉　　　　图 3-13　足部出血止血法

(2)加压包扎止血法:适用于各种伤口,是一种比较可靠的非手术止血法。先用厚敷料无菌纱布覆盖压迫伤口,再用三角巾或绷带用力包扎,包扎范围应该比伤口稍大。这是目前最常用的一种止血方法,四肢的小动脉或静脉出血、头皮下出血多数患者均可达到止血目的。

(3)屈肢加垫止血法:当前臂或小腿出血时,可在肘窝、膝窝内放纱布垫、棉花团或毛巾、衣服等物品,屈曲关节,用三角巾作“8”字形固定。但骨折或关节脱位者不能使用。

(4)填塞止血法:将消毒的纱布、棉垫、急救包填塞、压迫在创口内,外用绷带、三角巾包扎,松紧度以达到止血为宜。

(5)橡皮止血带止血法:常用的止血带是 3 尺左右长的橡皮管。方法是:掌心向上,止血带一端由虎口拿住,一手拉紧,绕肢体 2 圈,中、食两指将止血带的末端夹住,顺着肢体用力拉下,压住"余头",以免滑脱(图 3-14)。注意使用止血带要加垫,不要直接扎在皮肤上。每隔 45 min 放松止血带 2～3 min,松时慢慢用指压法代替。

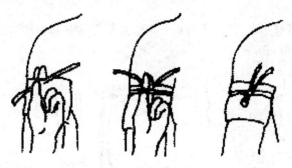

图 3-14　橡皮带止血法

(6)绞紧止血法:把三角巾折成带形,打一个活结,取一根小棒穿在带子外侧绞紧,将绞紧后的小棒插在活结小圈内固定。

三、包扎术

1.包扎目的及原则

(1)包扎目的:包扎是外伤现场应急处理的重要措施之一。及时正确的包扎,可以达到压迫止血、减少感染、保护伤口、减少疼痛以及固定敷料和夹板等目的;相反,错误的包扎可导致出血增加、加重感染、造成新的伤害、遗留后遗症等不良后果。

(2)包扎原则:伤口经过清洁处理后,要做好包扎。包扎时,要做到快、准、轻、牢。①快,即动作敏捷迅速;②准,即部位准确、严密;③轻,即动作轻柔,不要碰撞伤口;④牢,即包扎牢靠,不可过紧,以免影响血液循环,也不能过松,以免纱布脱落。

2.包扎材料

最常用的包扎材料是卷轴绷带和三角巾,家庭中也可以用相应材料代替。卷轴绷带即用纱布卷成,一般长 5 m。三角巾是一块方巾对角剪开,即成两块三角巾,三角巾应用灵活,包扎面积大,各个部位都可以应用。

3. 包扎方法

(1)绷带包扎法

绷带一般用纱布切成长条制成,呈卷轴带。绷带长度和宽度有多种,适合不同部位使用。常用的有宽 5 cm、长 10 cm 和宽 8 cm、长 10 cm 两种。

绷带包扎一般用于四肢、头部和肢体粗细相同的部位。操作时先在创口上覆盖消毒纱布,救护人员位于伤员的一侧,左手拿绷带头,右手拿绷带卷,从伤口低处向上包扎伤臂或伤腿,要尽量设法暴露手指尖和脚趾尖,以观察血液循环状况。如手指尖和脚趾尖呈现青紫色,应立即放松绷带。包扎太松,容易滑落,使伤口暴露造成污染。因此,包扎时应以伤员感到舒适、松紧适当为宜。

① 环形包扎法

这是绷带包扎法中最基本最常用的,一般小伤口清洁后的包扎都是用此法。它还适用于颈部、头部、腿部以及胸腹等处。方法是:第一圈环绕稍作斜状,第二圈、第三圈作环形,并将第一圈斜出的一角压于环形圈内,这样固定更牢靠些。最后用粘膏将尾固定,或将带尾剪开成两头打结(图 3-15)。

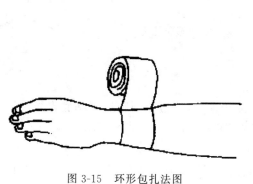

图 3-15　环形包扎法图　　　图 3-16　螺旋形包扎法

② 螺旋形包扎法

适用于上肢、躯干的包扎。操作时首先用无菌敷料覆盖伤口,作环形包扎数圈,然后将绷带渐渐地斜旋上升缠绕,每圈盖过前圈1/3或2/3呈螺旋状(图3-16)。

③ 蛇形包扎法

多用在夹板的固定上。方法是:先将绷带用环形法缠绕数圈固定,然后按绷带的宽度作间隔的斜着上缠或下缠,即成(图3-17)。

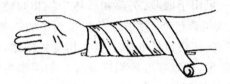

图3-17　蛇形包扎法

④ "8"字形包扎法

用于手掌、踝部和其他关节处伤口的包扎,选用弹力绷带。首先用无菌敷料覆盖伤口;包扎手时从腕部开始,先环形缠绕两圈;然后经手和腕"8"字形缠绕;最后绷带尾端在腕部固定;包扎关节时绕关节上下"8"字形缠绕(图3-18)。

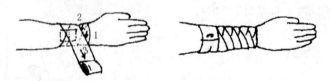

图3-18　"8"字形包扎法

(2)三角巾包扎法

① 三角巾头部包扎法

先把三角巾基底折叠放于前额,两边拉到脑后与基底先作一半结,然后绕至前额作结,固定(图3-19)。

② 三角巾风帽式包扎法

将三角巾顶角和底边各打一结,即成风帽状。在包扎头面部时,将顶角结放于前额,底边结放在后脑勺下方,包住头部,两角往面部拉紧,向外反折包绕下颌,然后拉到枕后打结即成(图3-20)。

③ 面部包扎法

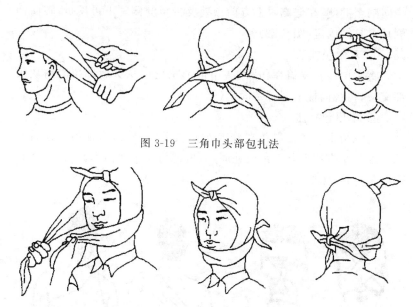

图 3-19　三角巾头部包扎法

图 3-20　三角巾风帽式包扎法

将三角巾顶角打一结，放在下颌处或将顶角结放在头顶处，将三角巾覆盖面部，底边两角拉向枕后交叉，然后在前额打结，在覆盖面部的三角巾对应部位开洞，露出眼、鼻、口(图 3-21)。

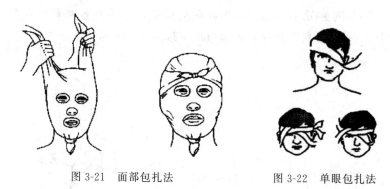

图 3-21　面部包扎法　　　　图 3-22　单眼包扎法

④ 单眼包扎法

将三角巾折成带状，其上 1/3 处盖住伤眼，下 2/3 从耳下端反折绕向脑至健侧,在健侧眼上方前额处反折至健侧耳下再反折,转向伤侧耳上打结固定(图3-22)。

⑤ 双眼包扎法

将无菌纱布覆盖在伤眼上,用带形三角巾从头后部拉向前从眼部交叉,再绕向枕下部打结固定(图3-23)。

⑥ 单肩包扎法

把三角巾一底角斜放在胸前对侧腋下,将三角巾顶角盖住后肩部用顶角系带在上臂三角肌处固定,再把另一个底角上翻后拉,在腋下两角打结(图3-24)。

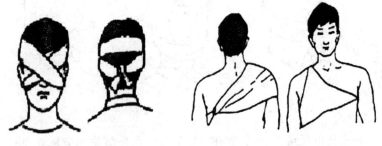

图3-23 双眼包扎法   图3-24 单肩包扎法

⑦ 胸部包扎法

如左胸受伤,将三角巾顶角放在左面肩上,将底边扯到背后在左面打结,然后再将左角拉到肩部与顶角打结(图3-25)。

图3-25 三角巾胸部包扎法

4. 包扎注意事项

(1)包扎伤口时,先简单清创并盖上消毒纱布,然后再用绷带等。操作小心、谨慎,不要触及伤口,以免加重疼痛或导致伤口出血及污染。

(2)包扎时松紧要适宜,过紧会影响局部血液循环,过松易致敷料脱落或移动。

(3)包扎时要使病人的位置保持舒适。皮肤皱褶处如腋下、乳下、腹股沟等,应用棉垫或纱布衬隔,骨隆突处也用棉垫保护。需要抬高肢体时,应给适当的扶托物。包扎的肢体必须保持功能位置。

(4)根据包扎部位,选用宽度适宜的绷带和大小合适的三角巾等。

(5)包扎方向为自下而上、由左向右,从远心端向近心端包扎,以助静脉血液的回流。绷带固定时的结,应放在肢体的外侧面,忌在伤口上、骨隆突处或易于受压的部位打结。

(6)解除绷带时,先解开固定结或取下胶布,然后以两手互相传递松解。紧急时或绷带已被伤口分泌物浸透干涸时,可用剪刀剪开。

(7)防止滑脱,绷带包扎要求在活动肢体时不应滑脱。防止方法是在开始缠绕时将绷带头压好,然后再缠绕。如需续加绷带,就将两端重叠 6 cm。

(8)包扎四肢应将指(趾)端外露,以便于观察血液循环。

(9)不要用潮湿的绷带,因干后收缩可能造成过紧。

四、固定术

多数骨折伤员需进行骨折临时固定,以避免骨折断端再移位或损伤周围重要脏器、神经、血管等组织。固定可减少受伤部位的疼痛和便于搬运。

1. 器械及材料

夹板、绷带、三角巾等。四肢骨折脱位需特制的木夹板,如临时没有特制的木夹板可就地取材,使用硬纸板、木板条,甚至书本、树枝等。

2.操作方法

(1)前臂骨折临时固定术　先用两块相应大小的夹板置于前臂掌、背侧,绑扎固定。然后用三角巾将前臂悬吊于胸前(图3-26)。

(2)上臂骨折临时固定术　用两块相应大小的夹板置于上臂内、外侧,绑扎固定。然后用三角巾将前臂悬吊于胸前(图3-27)。

图 3-26　前臂骨折临时固定术　　　　图 3-27　上臂骨折临时固定术

(3)大腿骨折临时固定术　用一块从足跟到腋下的长夹板,置于伤肢外侧。另一块从大腿根部到膝下的夹板,置于伤肢内侧,绑扎固定(图3-28)。

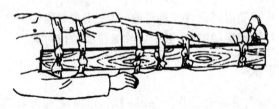

图 3-28　大腿骨折临时固定术

(4)小腿骨折临时固定术　用两块等长夹板从足跟到大腿内、外侧绑扎固定(图3-29)。若现场无夹板亦可将伤肢同健侧绑扎在一起(图3-30)。

(5)颈椎骨折临时固定术　先于枕部轻轻放置薄软枕一个,然后用软枕或沙袋固定头两侧。头部再用布带与担架固定(图3-31)。

图 3-29 小腿骨折临时固定术

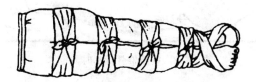

图 3-30 小腿骨折临时固定术（无夹板）

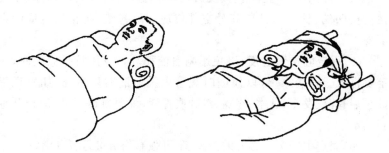

图 3-31 颈椎骨折临时固定术

(6)胸腰椎骨折临时固定术 将伤肢平卧于有软垫的板床上。腰部骨折在腰部垫软枕。若需长距离运送最好先以石膏固定。切忌在颈部垫高枕(图 3-32)。

3.注意事项

(1)如有伤口和出血,应先止血、包扎,然后再固定骨折部位,如有休克,应先行抗休克处理。

(2)在处理开放性骨折时,不可把刺出的骨端送回伤口,以免造成感染。

(3)夹板的长度与宽度要与骨折的肢体相适应,其长度必须超过骨折的上、下两个关节。固定时除骨折部位上、下两端外,还要固定

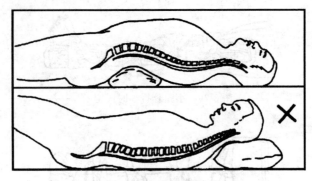

图 3-32　胸腰椎骨折临时固定术

上、下两关节。

(4)夹板不可与皮肤直接接触,其间应垫棉花或其他物品,尤其在夹板两端、骨突出部位和悬空部位应加厚衬垫,防止受压或固定不妥。

(5)固定应松紧适度,以免影响血液循环。肢体骨折固定时,一定要将指(趾)端露出,以便随时观察末梢血液循环情况,如发现指(趾)端苍白、发冷、麻木、疼痛、浮肿或青紫,说明血运不良,应松开重新固定。

(6)固定中避免不必要的搬动,不可强制伤员进行各种活动。

五、搬运术

搬运是指用人工或简单的工具将伤病员从发病现场移动到能够治疗的场所,或将经过现场救治的伤员移动到运输工具上。搬运时,如方法和工具选择不当,轻则加重病人痛苦,重者造成二次损害,甚至是终身瘫痪。搬运要根据不同的伤员和病情,因地制宜地选择合适的搬运方法和工具,而且动作要轻、快。

1. 单人搬运法

单人搬运法有扶行法、抱行法、背负法等(图 3-33)。

(1)扶行法　扶行法适宜清醒伤病者。没有骨折,伤势不重,能自己行走的伤病者。

执行法　　　　　　　背负法　　　　　　　抱持法

图 3-33　单人搬运法

救护者站在身旁,将其一侧上肢绕过救护者颈部,用手抓住伤病者的手,另一只手绕到伤病者背后,搀扶行走。

(2)背负法　背负法适用于老幼、体轻、清醒的伤病者。如有上、下肢或脊柱骨折不能用此法。

救护者朝向伤病者蹲下,让伤员将双臂从救护员肩上伸到胸前,两手紧握。救护员抓住伤病者的大腿,慢慢站起来。

(3)抱持法　抱持法适于年幼伤病者,体轻者没有骨折、伤势不重,是短距离搬运的最佳方法。如有脊柱或大腿骨折禁用此法。

救护者蹲在伤病者的一侧,面向伤员,一只手放在伤病者的大腿下,另一只手绕到伤病者的背后,然后将其轻轻抱起。

2. 双人搬运法

双人搬运法有轿杠式搬运法、双人拉车式搬运法(图 3-34)。

(1)轿杠式搬运法　轿杠式搬运法适用于清醒伤病者。两名救护者面对面各自用右手握住自己的左手腕,再用左手握住对方右手腕,然后,蹲下让伤病者将两上肢分别放到两名救护者的颈后,再坐到相互握紧的手上。两名救护者同时站起,行走时同时迈出外侧的腿,保持步调一致。

轿杠式搬运法

双人拉车式搬运法

图 3-34　双人搬运法

（2）双人拉车式搬运法　双人拉车式搬运法适用于意识不清的伤病者，或者将伤病者移上椅子、担架，或在狭窄地方搬运伤者。

两名救护者，一人站在伤病者的背后将两手从伤病者腋下插入，把伤病者两前臂交叉于胸前，再抓住伤病者的手腕，把伤病者抱在怀里，另一人反身站在伤病者两腿中间将伤病者两腿抬起，两名救护者一前一后地行走。

3. 多人搬运法

多人搬运法适用于脊柱受伤的伤员（图 3-35）。

2 人专管头部的牵引固定，使头部始终保持与躯干成直线的位置，维持颈部不动；另 2 人托住臂背，2 人托住下肢，协调地将伤员平直放到担架上。6 人可分两排，面对面站立，将伤员抱起。

4. 担架搬运法

担架搬运法是搬运伤员的最佳方法，重伤员长距离运送应采用此法。没有担架可用椅子、门板、梯子、大衣代替；也可用绳子和两条竹竿、木棍制成临时担架。

运送伤员应将担架吊带扣好或固定好。伤员四肢不要太靠近边缘，以免附加损伤。运送时头在后、脚在前。途中要注意呼吸道通畅，并严密观察伤情变化。

图 3-35 多人搬运法

5.脊柱骨折搬运法

对疑有脊柱骨折的伤员,应尽量避免脊柱骨折处移动,以免引起或加重脊髓损伤。搬运时应准备硬板床置于伤员身旁,保持伤员平直姿势,由 2～3 人将伤员轻轻推滚或平托到硬板上(图 3-36)。疑有颈椎骨折的伤员,需平卧于硬板床上,头两侧用沙袋固定,搬动时保持颈项与躯干长轴一致。不可让头部低垂、转向一侧或侧卧(图 3-37)。

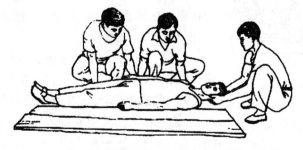

图 3-36 脊柱骨折——推滚式搬运法

6.离体组织器官运送

离体组织器官应用无菌或清洁敷料包裹好,放入塑料袋或直接

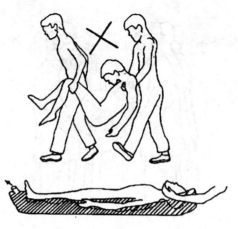

图 3-37　颈椎、脊柱骨折的搬运法

放入加盖的容器中。当气温高于 10℃ 时,外周以冰块包围保存(图 3-38)。

图 3-38　离体组织
器官运送

7.搬运伤员的注意事项

(1)搬运伤员之前要检查伤员的生命体征和受伤部位,重点检查伤员的头部、脊柱、胸部有无外伤,特别是颈椎是否受到损伤。

(2)必须妥善处理好伤员。首先要保持伤员的呼吸道通畅,然后对伤员的受伤部位要按照技术操作规范进行止血、包扎、固定。处理得当后,才能搬动。

(3)在人员、担架等未准备妥当时,切忌搬运。搬运体重过重和神志不清的伤员时,要考虑全面。防止搬运途中发生坠落、摔伤等意外。

(4)在搬运过程中要随时观察伤员的病情变化。重点观察呼吸、神志等,注意保暖,但不要将头面部包盖太严,以免影响呼吸。一旦在途中发生紧急情况,如窒息、呼吸停止、抽搐时,应停止搬运,立即进行急救处理。

(5)在特殊的现场,应按特殊的方法进行搬运。火灾现场,在浓烟中搬运伤员,应弯腰或匍匐前进;在有毒气泄漏的现场,搬运者应先用湿毛巾掩住口鼻或使用防毒面具,以免被毒气熏倒。

(6)搬运脊柱、脊髓损伤的伤员:放在硬板担架上以后,必须将其身体与担架一起用三角巾或其他布类条带固定牢固,尤其颈椎损伤者,头颈部两侧必须放置沙袋、枕头、衣物等进行固定,限制颈椎各方向的活动,然后用三角巾等将前额连同担架一起固定,再将全身用三角巾等与担架固定在一起。

第四章　危险化学品事故应急救援

第一节　危险化学品事故预防

危险化学品事故预防需坚持安全发展的理念和"安全第一、预防为主、综合治理"的方针,按照"合理规划、严格准入,改造提升、固本强基,完善法规、加大投入,落实责任、强化监管"的要求,构建危险化学品安全生产长效机制,只有这样才能做好危险化学品事故的预防工作,使危险化学品的安全生产形势明显好转。具体应做好以下六方面工作。

1. 严格执行新建危险化学品项目的安全准入制度

通过制定和实施安全发展规划,引导各地区从源头上明确化工产业安全准入政策。

(1)指导各地制定化工行业安全发展规划。确定危险化学品生产、储存的专门区域。危险化学品生产、储存建设项目必须在依法规划的专门区域内建设。

(2)严格危险化学品安全生产、经营许可。危险化学品安全生产、经营许可证发证机关要严格按照有关规定,认真审核危险化学品企业安全生产、经营条件。对首次申请安全生产许可证或申请经营许可证且带有储存设施的企业,许可证发证机关要组织专家进行现场审核,符合条件的,方可颁发许可证。

(3)把危险化学品生产、储存建设项目设立安全审查纳入建设项目立项审批程序。要从严审批剧毒化学品、易燃易爆化学品、合成氨和涉及危险工艺的建设项目,严格限制涉及光气的建设项目。

(4)在进行危险化学品生产和储存建设项目安全设施设计审查时,除对安全设施设计严格审查外,还要对涉及剧毒化学品、易燃易爆化学品、危险气体化学品(液氨)、使用危险工艺、大型化工生产装置自动化控制系统(自动控制系统和紧急停车系统)提出严格要求。

严禁从试验室的小试直接放大到工业化生产。

(5)建设项目进行试生产(使用)方案备案时,要认真了解试生产装置生产准备和应急措施等情况,必要时组织有关专家对试生产方案进行审查;组织建设项目安全设施验收时,要同时验收安全设施投入使用情况与装置自动控制系统安装投入使用情况。

2.对现有危险化学品生产装置进行本质安全化改造

(1)地方政府应指导各危险化学品企业开展本质安全化改造工作。特别是对中小危险化学品企业实施安全技术改造,装备集散控制系统和紧急停车系统,提高自动化控制水平。首先要对涉及剧毒化学品、易燃易爆化学品、危险气体化学品(液氨)、使用危险工艺(硝化、氧化、磺化、氯化、氟化、重氮化)的化工装置的自动化装备水平提出要求,上述化工生产装置必须选用安全可靠的自动化控制仪表、连锁保护系统,配备必要的有毒有害、易燃易爆气体泄漏报警系统和火灾报警系统,提高装置安全可靠性。

(2)不断提高现有危险化学品生产企业的安全生产要求。利用换发安全生产许可证和开展安全生产标准化工作的有利时机,督促企业进一步加大安全投入,加强和改进安全生产管理,严格限定危险化学品储存数量,提升本质安全水平。

(3)做好危险化学品使用许可准备工作。按新修订的《危险化学品安全管理条例》要求对危险化学品的使用进行许可,把本质安全作为许可的主要条件考虑在内。

(4)开展危险化学品生产企业集中整治工作,进一步淘汰不具备安全生产条件、不符合当地产业发展规划、能耗高、污染重的危险化学品企业。探索建立不具备本质安全生产条件且整改无望企业的淘汰机制。

3.落实危险化学品生产企业的安全生产主体责任

危险化学品安全生产形势的根本好转最终要靠推动危险化学品生产企业安全生产主体责任落实到位来实现。首先要对企业落实安全生产责任制和各项安全生产管理制度的执行情况进行严格的监督检查。其次要通过全面开展安全生产标准化工作,监督指导危险化学品生产企业建立完善的安全生产责任制和安全生产管理规章制度。特别是要求企业要建立定期的隐患排查治理制度。第三，加大对违法违规企业的行政处罚力度。对企业的违法违规行为加大处罚的力度，实施"严管重罚"是推动企业落实安全生产主体责任的有效手段。第四，加强对中央企业的安全监管。防范大事故工作的重点要放在加强对中央企业的大型、特大型化工生产装置的安全监管上。借鉴化学工业发达国家的经验做法，利用 HAZOP 等技术在中央企业开展风险评估工作。首先选择有代表性的中央所属企业开展试点，取得经验后全面推广。

4.强化危险化学品安全监管工作

（1）加强危险化学品安全监管的基础工作。督促各地摸清辖区内企业底数，建立健全危险化学品和化工企业档案、化工建设项目安全许可工作情况台账等相关情况档案，特别要掌握对涉及剧毒危险气体、易燃易爆和剧毒液态化学品、使用危险工艺的企业安全生产状况，为开展科学分类，分级、分类监管打牢基础。

（2）实施分类监管。突出重点，兼顾全面，加强对重点环节、重点地区、重点行业、重点企业的安全监管。

（3）加强对危险化学品生产环节的安全监管。从历年来的危险化学品事故分析情况看，生产环节死亡人数所占比重最大，根据目前阶段我国化工生产企业安全生产基础薄弱的状况，生产环节将在相当一段时期成为危险化学品安全监管重点环节。同时要针对危险化学品新建项目事故多发的现状，利用专家加强对新建危险化学品项目投料试车的安全监管。

（4）改进和规范对企业的监督检查。监督检查的内容要规范，对企业的监督检查的重点要放在全员安全生产责任制的建立和执行情况，各项安全生产规章制度的建立和执行情况，安全教育和业务培训开展情况，安全投入的保障情况，隐患排查治理工作定期开展情况，重大危险源监控和安全设施装备情况，应急工作情况，现场管理情况。

（5）监督检查的方法应改进。对企业的监督检查的重点应放在企业安全生产责任制,安全生产管理规章制度的建立、完善和执行情况,重大危险源的监控情况。

(6)加大对事故和违法违规行为的查处力度。地方应高度重视一次死亡3人以下或没有造成人员伤亡的危险化学品事故调查处理工作,严禁委托企业自行组织伤亡事故调查工作。定期开展事故责任追究、防范措施落实情况监督检查,及时纠正责任追究走过场、逃避刑事处罚、防范措施不落实等问题。

(7)加强事故的统计分析工作。完善危险化学品事故统计口径,在危险化学品事故统计工作中,既要统计造成人员伤亡的危险化学品事故,也要注意收集没有造成人员伤亡的危险化学品事故信息;既要注重化工、医药行业发生的危险化学品事故,还要重视其他行业和领域发生的危险化学品事故。在此基础上,全面、客观地分析本地区危险化学品安全生产形势的特点和规律,更好地指导安全监管工作。

(8)借助社会和专家的力量,做好危险化学品安全监管工作。鼓励科研院所、专业协会、中介组织积极开展危险化学品安全管理咨询服务。有条件的地区成立注册安全工程师事务所,指导中小化工企业的安全生产工作。

5.加强重大危险源安全监控工作

危险化学品生产、经营、使用单位要定期开展危险源识别、检查、评估工作,建立重大危险源档案,加强对重大危险源的监控,按照有关规定和要求做好重大危险源备案工作,配合建设和完善全省危险化学品重大危险源地理信息管理系统。要建立并严格执行重大危险源安全监控责任制,实时监控重大危险源的压力、温度、液位、有毒有害气体泄露检测记录,定期检查重大危险源压力容器及附件、应急预案修订及演练、应急器材准备等情况。

6.加强危险化学品安全生产应急工作,提高事故应急救援能力

危险化学品从业单位要按照有关标准和规范,编制危险化学品事故应急预案,配备必要的应急装备和器材,建立应急救援队伍,定期开展事故应急演练。规模较小的危险化学品从业单位应与当地政

府应急管理部门、应急救援机构、大中型化工企业建立联系机制,通过签订应急服务协议,保障应急处置能力。

要加强化工园区、化工集中区的应急救援建设和管理。在化工园区和化工集中区应依托专职消防队伍或大型企业专业救护队伍,组建危险化学品应急救援和公共消防技术服务机构,为企业及周边范围的事故应急处置提供技术支撑。

第二节　危险化学品事故救援基础知识

危险化学品事故应急救援是指危险化学品由于各种原因造成或可能造成众多人员伤亡及其他较大社会危害时,为及时控制危险源,抢救受害人员,指导群众防护和组织撤离,清除危害后果而组织的救援活动。

一、危险化学品事故应急救援工作的特点

1. 危险性

危险化学品事故应急救援工作处在一个高度的危险环境中,特别是事故原因不明、危险源尚未有效控制的情况下,随时可能造成新的人员伤害。这就要求救援人员树立临危不惧、勇于作战和对人民高度负责的精神。

2. 复杂性

危险化学品事故的复杂性表现在事故原因的复杂性、救援环境的复杂性,以及救援工作具有高度的危险性,这就为实施救援工作带来一定的困难。因此,救援工作必须采取科学的态度和方法,避免蛮干和防止人海战术。在救援过程中发扬灵活机动的战略战术,根据事故原因、环境、气象因素和自身技术、装备条件,科学地实施救援。

3. 突发性

危险化学品事故的突发性使应急救援工作面临任务重、工作突击性强的困难。在条件差、人手少、任务重的情况下,就要求救援人员发扬不怕苦和连续作战的精神,以最小的代价取得最大的效果。

二、危险化学品事故应急救援的基本原则

危险化学品事故应急救援工作应在预防为主的前提下，贯彻统一指挥、分级负责、区域为主、单位自救与社会救援相结合的原则。其中预防工作是危险化学品事故应急救援工作的基础，除了平时做好事故的预防工作，避免或减少事故的发生外，落实好救援工作的各项准备措施，做到预先准备，一旦发生事故就能及时实施救援。危险化学品事故具有发生突然、扩散迅速、危害途径多、作用范围广的特点，所以救援行动必须迅速、准确和有效。因此，救援工作只能实行统一指挥下的分级负责制，以区域为主，并根据事故的发展情况，采取单位自救与社会救援相结合的形式，充分发挥事故单位及地区的优势和作用。

危险化学品事故应急救援又是一项涉及面广、专业性很强的工作，靠某一个部门是很难完成的，必须把各方面的力量组织起来，形成统一的救援指挥部，在指挥部的统一指挥下，安全生产、救灾、公安、消防、化工、环保、卫生等部门密切配合，协同作战，迅速、有效地组织和实施应急救援，尽可能地避免和减少损失。

具体危险化学品事故应急救援应遵循以下原则。

1. 统一指挥

危险化学品事故的抢险救灾工作必须在危险化学品生产安全应急救援指挥中心的统一领导、指挥下开展。应急预案应当贯彻统一指挥的原则。各类事故具有意外性、突发性、扩展迅速、危害严重的特点，因此，救援工作必须坚持集中领导、统一指挥的原则。因为在紧急情况下，多头领导会导致一线救援人员无所适从，贻误战机。

2. 充分准备、快速反应、高效救援

针对可能发生的危险化学品事故，做好充分的准备。一旦发生危险化学品事故，快速做出反应，尽可能减少应急救援组织的层次，以利于事故和救援信息的快速传递，减少信息的失真，提高救援的效率。

3. 安全抢险

在事故抢险过程中，应采取切实有效措施，确保抢险救护人员的

安全,严防抢险过程中发生二次事故。

4. 生命至上

应急救援的首要任务是不惜一切代价,维护人员生命安全。事故发生后,应当首先保护有可能受危险化学品事故伤害的学校学生、医院病人、体育场馆游客和所有无关人员安全撤离现场,转移到安全地点,并全力抢救受伤人员,寻找失踪人员,同时保护应急救援人员的安全同样重要。

5. 单位自救和社会救援相结合

在确保单位人员安全的前提下,应急预案应当体现单位自救和社会救援相结合的原则。单位熟悉自身各方面情况,又身处事故现场,有利于初起事故的救援,将事故消灭在初始状态。单位救援人员即使不能完全控制事故的蔓延,也可以为外部的救援赢得时间。事故发生初期,事故单位应按照灾害预防和处理规范(预案)积极组织抢险,并迅速组织遇险人员沿避灾路线撤离,防止事故扩大。

6. 分级负责、协同作战

各级地方政府、有关部门和危险化学品单位及相关的单位按照各自的职责分工实行分级负责、各尽其能、各司其职,做到协调有序、资源共享、快速反应,积极做好应急救援工作。

7. 科学分析、规范运行、措施果断

科学分析是做好应急救援的前提,规范运行是保证应急预案能够有效实施的重点,针对事故现场果断决策采取不同的应对措施是保证救援成效的关键。

三、危险化学品事故应急救援的基本任务

1. 控制危险源

及时控制造成事故的危险源是应急救援工作的首要任务,只有及时控制住危险源,防止事故的继续扩展,才能及时、有效地进行救援。特别对发生在城市或人口稠密地区的化学事故,应尽快组织工程抢险队与事故单位技术人员一起及时堵源,控制事故继续扩展。

2.抢救受害人员

抢救受害人员是应急救援的重要任务。在应急救援行动中,及时、有序、有效地实施现场急救与安全转送伤员是减少人员伤亡和财产损失的关键。

3.指导群众防护,组织群众撤离

由于化学事故发生突然、扩散迅速、涉及范围广、危害大,所以应及时指导和组织群众采取各种措施进行自身防护,并向上风方向迅速撤离出危险区或可能受到危害的区域。在撤离过程中应积极组织群众开展自救和互救工作。

4.做好现场清消,消除危害后果

对事故外逸的有毒有害物质和可能对人和环境继续造成危害的物质,应及时组织人员予以清除,消除危害后果,防止对人的继续危害和对环境的污染。

5.查清事故原因,估算危害程度

事故发生后应及时调查事故的发生原因和事故性质,估算出事故的危害波及范围和危险程度,查明人员伤亡情况,做好事故调查。

四、危险化学品事故应急救援的基本形式

危险化学品事故应急救援工作按事故波及范围及其危害程度,可采取三种不同的救援形式。

1.事故单位自救

事故单位自救是危险化学品事故应急救援最基本、最重要的救援形式。这是因为事故单位最了解事故的现场情况,即使事故危害已经扩大到事故单位以外区域,事故单位仍须全力组织自救,特别是尽快控制危险源。

2.对事故单位的社会救援

对事故单位的社会救援主要是指重大或灾害性危险化学品事故,事故危害虽然局限于事故单位内,但危害程度较大或危害范围已经影响周围邻近地区,依靠本单位以及消防部门的力量不能控制事

故或不能及时消除事故后果而组织的社会救援。

3.对事故单位以外危害区域的社会救援

主要是对灾害性危险化学品事故而言,指事故危害超出事故单位区域,其危害程度较大或事故危害跨区、县或需要各救援力量协同作战而组织的社会救援。

第三节　危险化学品事故应急救援基本程序与机制

一、危险化学品事故应急救援工作基本程序

危险化学品事故应急救援工作包含应急准备、应急响应及应急恢复等阶段的工作。

(一)应急准备

该阶段的工作主要是在事故发生之前采取各种行动,以提高事故发生时的应急行动能力。危险化学品单位在本阶段主要有如下工作。

1.危险化学品事故应急救援工作策划

(1)根据法律法规要求辨识与评价出单位的重大危险源,并对这些危险源进行控制。

(2)确定事故应急救援组织机构与职责。如:

① 应急指挥机构,协调应急组织各个机构的运作和关系。

② 事故现场指挥机构,负责事故现场的指挥、调度及资源的有效利用。

③ 支持保障机构,提供应急物资和人员的保障。

④ 媒体机构,安排媒体报道、采访、新闻发布。

⑤ 信息管理机构,进行信息管理、信息服务。

2.编制危险化学品事故应急救援预案

(1)对可能发生的事故进行预测和评价。

(2)人力、物资等资源的确定与准备。

(3)明确应急组织和人员的职责。

(4)设计行动战术和程序。

(5)训练和演习。

(6)事故后的清除和恢复程序。

3.配备事故应急救援装备

装备包括:①急救设备:救护车、担架等;②个体防护设备:呼吸器、面具等;③通信设备:电话、无线电等;④消防设备:消防车、灭火设备;⑤检测设备:分析、检测、化验仪器;⑥各种工具。还应签订应急救援装备互助协议。

4.应急救援培训与演练

通过应急救援培训和演练,把应急预案加以验证和完善,确保事故发生时应急预案得以实施和贯彻。

演练的主要目的是:

(1)测试预案和程序的充分程度。

(2)测试紧急装置、设备及物质资源供应。

(3)提高现场内外的应急部门的协调能力。

(4)判别和改正预案的缺陷。

(5)提高公众应急意识。

(二)应急响应

该阶段的工作主要包括事故即将发生前、发生期间和发生后应立即采取的行动。目的是保护人员生命、减少财产损失、控制和消除事故。

该阶段的工作主要有:①现场险情初始评估;②启动相应的应急救援系统和组织;③报告有关政府机构;④实施现场指挥和救援;⑤控制事故扩大或消除事故;⑥人员疏散和避难;⑦环境保护和监测;⑧现场搜寻和营救等。

(三)应急恢复

该阶段的主要工作是事故发生后使生产、生活恢复到正常状态或得到进一步的改善。

在应急救援行动结束后必须对系统进行恢复,而且尽快恢复最重要。恢复活动主要包括:①现场警戒和安全;②清洁与净化;③对从业人员提供帮助;④对破坏损失的评估;⑤保险的索赔;⑥事故调查;⑦应急预案复查;⑧灾后重建等。

二、危险化学品事故应急运作机制

事故应急运作机制主要由统一指挥、分级响应、属地为主和公众动员这四个基本机制组成。

1.统一指挥

统一指挥是应急活动最基本的原则。应急指挥一般可分为集中指挥与现场指挥,或场外指挥与场内指挥等。无论采用哪一种指挥系统,都必须实行统一指挥的模式,无论应急救援活动涉及单位的行政级别高低和隶属关系不同,但都必须在应急指挥部的统一组织协调下行动,有令则行,有禁则止,统一号令,步调一致。

2.分级响应

分级响应是指在初级响应到扩大应急的过程中实行的分级响应的机制。扩大或提高应急级别的主要依据是事故灾难的危害程度、影响范围和控制事态能力。影响范围和控制事态能力是"升级"的最基本条件。扩大应急救援主要是提高指挥级别、扩大应急范围等。因为对于应急响应的初期来讲,最重要的应急力量和响应是在企业,但有些事故的发生并不是企业的应急能力和资源都能解决和完成的,当事态扩大时,已经超出了企业的应急响应能力,这时必须扩大应急的范围和层次。不同的事故类型应有不同的响应级别,以确保应急活动的有效性,最大限度地降低风险后果。

3.属地为主

属地为主强调"第一反应"的思想和以现场应急、现场指挥为主的原则。我国在计划经济时期形成的行业管理模式,有些还在部分行业中没有完全转变,过于强调行业主管,尤其有些中央大型企业,长期以来只对主管部门负责,与地方政府很少交流和沟通,没有属地的概念。所以导致在一些重大事故中,由于不能及时沟通信息而没有得到很好的救助和配合,进而导致重大人身伤亡,这些都有过血的教训。

强调属地管理,是因为只有地方管理者对于本地区情况、气候条件、地理位置最熟悉,只有地方应急力量才能在紧急行动中最快捷地到达,只有地方管理者才能有权调配本区域内的各种资源和协调各部门的组织。

4.公众动员

公众动员机制是应急机制的基础,也是整个应急体系的基础。我国在这方面全民性的教育和培训还远远不足。2003年的非典是一次最好的公众教育形式,在这次事件中,大家不但了解了非典的传播方式、注意事项、防护方法,自我防护意识的增强也变成了自觉的行动,使得非典得到有效控制。

第四节　应急响应

应急响应是在事故险情、事故发生状态下,在对事故情况进行分析评估的基础上,有关组织或人员按照应急救援预案所采取的应急救援行动。

一、应急响应的目的

应急响应的目的有两个:

(1)接到事故预警信息后,采取相应措施,化解事故于萌芽状态。

(2)事故发生之后,根据应急预案,采取相应措施,及时控制事故的恶化或扩大,并最终将事故控制并恢复到常态,最大限度地减少人员伤亡、财产损失和社会影响。

二、应急响应的工作方法

1.事态分析

事态分析,即对事态进行全面考察、分析。事态分析包括两个主要内容:

(1)现状分析,即对事故险情、事故初期事态进行现状分析。

(2)趋势分析,即对险情、事故发展趋势进行预测分析。

通过对事态分析，得出事故的危险状况，为下一步采取相应的控制措施，特别是应急预案的启动提供决策依据。事态分析，是启动应急预案的必要条件。

2. 预案启动

根据事态分析结果，尽快采取措施，消除险情。若险情得不到消除，则要根据事态分析结果，得出事故危险等级，根据事故危险等级，迅速启动相应等级的应急预案。

3. 救援行动

预案宣布启动，即开始按照应急预案的程序和要求，有组织、有计划、有步骤、有目的地动用应急资源，迅速展开应急救援行动。

4. 事态控制

通过一系列紧张有序的应急行动，事故得以消除或者控制，事态不会扩大或恶化，特别是不会发生次生事故，具备恢复常态的基本条件。

应急响应可划分为两个阶段，即初级响应和扩大应急。

初级响应是在事故初期，企业应用自己的救援力量，使事故得到有效控制。但如果事故的规模和性质超出本单位的应急能力，则应请求增援和扩大应急救援活动的强度，以便最终控制事故。

三、应急响应的基本程序

应急响应程序按时间序列可分为接警、响应级别判断、报警、应急启动、救援行动展开、扩大应急、应急恢复和应急结束等几个过程（图4-1）。

1. 接警与报告

生产、使用、贮存、运输危险化学品的企业，一旦发生危险化学品事故后，现场第一目击者必须立刻按事故信息报告程序，将事故现场的真实情况进行上报，以最快速度传递到直接上级应急指挥中心。事故信息得到初步确定后，按预定程序进行事故预警。

报告危险化学品事故的内容主要有：①事故发生的时间、地点、准确位置；②事故表现形式（爆炸、火灾、泄漏等）；③人员伤亡情况；

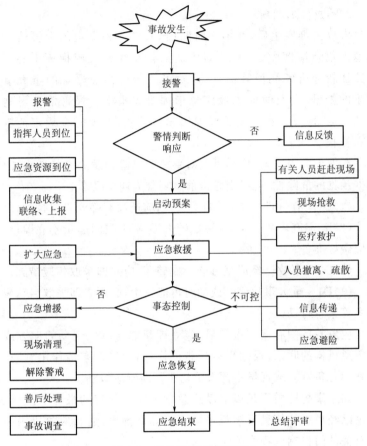

图 4-1　应急响应程序流程图

④事故现场情况和可能造成的严重后果;⑤已经采取的应急措施和拟采取的应急措施;⑥事故报告人联系方式。

接报人员应:①问清报告人姓名、单位部门和联系电话;②问明事故发生的时间、地点、事故单位、事故原因、主要毒物、事故性质(毒物外溢、爆炸、燃烧)、危害波及范围和程度、对救援的要求,同时做好电话记录;③按应急救援程序,派出救援队伍;④向上级有关部门报告;⑤保持与应急救援队伍的联系,并视事故发展状况,必要时派出后继梯队予以增援。

2.响应级别判断

事故灾难发生后,在第一时间内,来自各种渠道的报警信息应迅速汇集到指挥中心,并立即传送到各专业或区域指挥中心。在迅速比较分析各类报警信息后,对可能造成性质严重的重大事故灾难的警讯,应及时向上级应急指挥机关报送。报警信息得到基本认定后,应立即按规定程序发出预警信息,并及时在规定范围内发布警报。

在发出警报之前、应尽可能对事故的风险和发展态势作出评估,依据预见的危险性,可以把警报信息划分为四个级别。

(1)D1　有事件发生,影响不大,当前还没有必要采取行动;

(2)D2　有事故发生,有造成较大影响的可能性,虽不立即行动,但应做好准备;

(3)D3　事故已经或很可能造成破坏,应立即采取相应措施;

(4)D4　重大事故已经或随时可能发生,必须立即采取启动应急预案等紧急行动。

应急救援中心接到报警后,应立即建立与事故现场的地方或企业应急机构的联系,根据事故报告的详细信息,对警情作出判断,由应急中心负责人或现场指挥人员初步判断响应级别。

如果事故性质不足以启动应急预案中所规定的最低响应级别,通过已经形成的信息反馈程序取消或降低预警,通知应急机构和其他有关部门将响应程序关闭。

3.应急启动

应急响应级别一经确定,相应的应急救援指挥中心按所确定的响应级别启动应急程序,如通知应急救援中心有关人员立即到位,开通信息与通信网络,调配救援所需应急物资(包括应急队伍和物资、装备等),派出现场指挥协调人员与专家组,通知其他有关应急救援单位作为支援准备等。

4.救援行动展开

应急行动展开后,现场应急指挥中心迅速启用,应急救援队伍及时进入事故现场,积极开展人员救助、工程抢险、治安警戒、交通管制、医疗救护、人群疏散、现场监测、环境保护等有关应急救援工作,专家组为救援决策提供建议和技术支持。

5. 扩大应急

当事态仍无法得到有效控制或事故规模和复杂性超出本地区、本单位应急能力范围时,按照分级响应程序向上级救援机构请求实施扩大应急响应,直至事故得以彻底控制,才能进入应急恢复程序。

6. 应急恢复

救援行动经评估已确认事故得到有效控制,可以全部或部分停止应急,在进行风险评估后按程序进入应急恢复阶段,包括现场清理、人员清点和撤离、警戒解除、善后处理等,但这时不能完全放松警惕,防止事故死灰复燃或恢复时期出现新的风险。

7. 应急结束

当事故得到控制,事故隐患消除,环境达标,经现场指挥确认,并报最高应急指挥中心,由应急救援指挥中心按照规定程序宣布应急响应结束。

8. 现场恢复与事故调查

现场应急行动结束后,由负责事故信息发布的部门按事故信息发布原则,将相关信息及时进行通报,解答公众关注的一些焦点问题,维护社会生活秩序。对于容易引发局部地区社会动荡的重大事件,应由事故现场指挥部及时准确地向新闻媒体通报公众关注的动态信息,既维护社会稳定,也有利于赢得公众对应急救援的各方面支持。

当应急结束后,企业应成立现场恢复小组,委派恢复人员进入事故现场,清理重大破坏设施,恢复被损坏的设备和设施。当现场清理完毕,常态得以恢复,则可解除警戒。同时做好善后赔偿、应急救援能力评估及应急预案修订等工作。

上述工作完成,整个应急救援活动宣告结束。

应急救援活动结束后,企业应成立事故调查小组对事故进行调查。事故调查小组由安监部门、公安部门、工会、监察部门等部门组成。

四、应急响应工作中的注意事项

1. 救护人员的安全防护

救护人员在救援行动中应佩戴好防毒面罩和穿好防护服,随时注意现场风向的变化,做好自身防护。

2. 救护人员进入污染区必须注意的事项

(1)救护人员进入污染区前,必须戴好防毒面罩和穿好防护服;

(2)执行救援任务时,应以 2～3 人为一组,集体行动,互相照应;

(3)带好通信联系工具,随时保持通信联系。

3. 工程救援中应注意的事项

(1)工程救援队在堵源抢险过程中,尽可能地和事故单位的自救队或技术人员协同作战,以便熟悉现场情况和生产工艺,有利于堵源工作的实施。

(2)在营救伤员、转移危险物品和化学泄漏物的清消处理中,与公安、消防和医疗急救等专业队伍协调行动,互相配合,提高救援的效果。

(3)在涉及易燃易爆物质的事故现场,救援所用的工具应具备防爆功能。

4. 现场医疗急救中应注意的问题

(1)危险化学品事故造成的人员伤害具有突发性、群体性、特殊性和紧迫性,现场医务力量和急救的药品、器材相对不足,应合理使用有限的救护资源,在保证重点伤员得到有效救治的基础上,兼顾一般伤员的处理。在急救方法上可采取对群体性伤员实行简易分类后的急救处理,即由经验丰富的医生负责对伤员的伤情进行综合评判,按轻、中、重简易分类,对分类后的伤员除了标上醒目的分类识别标志外,在急救措施上按照先重后轻的治疗原则,实行共性处理和个性处理相结合的救治方法。

(2)注意保护伤员的眼睛。

(3)对救治后的伤员实行一人一卡,将处理意见记录在卡上,并别在伤员胸前,以便做好交接,有利于伤员的转诊救治。

(4)合理调用救护车辆。在现场医疗急救过程中,常因伤员多而车辆不够用,因此,合理调用车辆迅速转送伤员也是一项重要的工作。在救护车辆不足的情况下,对危重伤员可以在医务人员的监护下,由监护型救护车护送,而中度伤员实行几个人合用一辆车,轻伤员可用公交车或卡车集体护送。

(5)合理选送医院。伤员转送过程中,实行就近转送医院的原则。但在医院的选配上,应根据伤员的人数和伤情,以及医院的医疗特点和救治能力,有针对性地合理调配,特别要注意避免危重伤员的多次转院。

(6)妥善处理好伤员的污染衣物。及时清除伤员身上的污染衣物,对清除下来的污染衣物集中妥善处理,防止发生继发性损害。

(7)统计工作。统计工作是现场医疗急救的一项重要内容,特别是在忙乱的急救现场,更应注意统计数据的准确性和可靠性,也为日后总结和分析积累可靠的数据。

5.组织和指挥污染区群众撤离事故现场

在组织和指挥污染区群众撤离事故现场的过程中须注意以下几方面。

(1)指导群众做好个人防护后,再撤离危险区域。发生危险化学品事故后,应立即组织和指导污染区的群众就地取材,采用简易有效的防护措施保护自己。如用透明的塑料薄膜袋套在头部,用毛巾或布条扎住颈部,在口鼻处挖出孔口,用湿毛巾或布料捂住口鼻,同时用雨衣、塑料布、毯子或大衣等物,把暴露的皮肤保护起来免受伤害,并根据当时的风向选择疏散路线快速转移至安全区域。也可就近进入民防地下工事,关闭防护门。对于污染区一时无法撤出的群众,可指导他们紧闭门窗,用湿布将门窗缝塞严,关闭空调等通风设备和熄灭火源,等待时机再进行转移。

(2)防止继发性伤害。组织群众撤离危险区域时,应选择安全的撤离路线,避免横穿危险区域。进入安全区后,尽快去除污染衣物,防止继发性伤害。一旦皮肤或眼睛受到污染应立即用清水冲洗,并就近医治。

(3)发扬互助互救的精神。发扬群众性的互帮互助和自救互救精神,帮助同伴一起撤离,对于做好救援工作,减少人员伤亡起到重要的作用。对危重伤员应立即搬离污染区,然后就地实施急救。

五、事故应急处置基本原则

危险化学品事故应急处置过程中应遵循以下原则。

1. 安全第一,以人为本

应急处置最重要的原则是保证人的安全。坚持以人为本,就是在任何情况下都要确保人的生命安全和健康,绝对不能拿生命冒险。在应急施救过程中,最优先的目标和最重要的举措都要首先保证人身安全。同时,也要十分注意保护应急队伍自身的安全。

每一个应急指挥员,都有责任保障救援队伍的安全,任何一级指挥员都没有权利因为财产等物质原因让应急人员冒生命危险。

2. 早期预警,有备无患

早期预警的两个功能:一是防止事件发生,在事故即将形成或没有爆发之前,采取应变措施防范和阻止由预警期进入应急响应期;二是事故发生和扩大蔓延之前,通过预警期的活动能迅速提高警备级别,动员准备力量,加强应急处置能力,把事故控制在应急预案所策划的特定类型或指定区域,确保事故在演化成为危机前进入恢复期。

另外,在应急救援过程中,一旦发现异常情况或出现危险迹象,要立即发出预警信号采取应变措施,迅速通知指挥和现场有关人员,采取应变措施。

【案例】2005年吉化"11·13"事件灭火抢险过程中,消防战士距离危险化学品罐体只有十几米远,在火势蔓延到危险区之前,现场指挥员果断决定撤出所有消防战士和其他应急人员,几分钟后现场发生巨大爆炸，由于人员已事先撤离到安全地带，从而避免了一场重大伤亡事故。

3. 第一响应，快速处置

第一响应是应急管理的基本原则。

事故一旦发生，时间就是生命，应急响应速度与事故后果的严重度密切相关。分析总结大量事故应急救援工作的经验表明，对事故受害人早期的抢险救治对保障生命、减轻伤害具有决定性的意义。

如果在敏感时期处理不够及时，可能使事件性质发生扩大和激变。

因此，在事故发生后，必须在极短的时间内就地作出应急反应，在造成严重后果之前采取有效的防护、急救或疏散措施。第一响应就是要求在应急响应的准备和初级响应阶段实现快速有效的反应，在事故苗头刚刚出现时，要在事故原始地点就地快速应对，将事故控制在最初始阶段。

4. 统一指挥，协调一致

应急指挥在组织结构上分为多种形式，但无论采用哪一类指挥系统都必须实行统一指挥的原则，无论涉及应急救援活动单位的行政级别和隶属关系如何不同，都必须服从应急指挥部的统一指挥协调，统一号令，步调一致，令行禁止。

应急指挥最基本的功能就是统一协调执行应急救援任务，使各参与单位既能发挥自己的作用，又能相互配合，提高整体效能。一般情况下，在同一时间、地区执行应急任务的各专业队伍，都应紧密配合执行主要任务的队伍行动。尤其是在跨行业、跨领域、跨地区乃至跨国界的重大事故灾难中，更应强调在一个共同的指挥系统内实现高度统一的协调指挥。

5. 属地为主，资源共享

在早期，各国应急管理体系基本上依托行政管理体制得到树状结构，即按行政隶属与级别、建立复杂的分层与分支事故应急管理模式。分层主要是考虑行政级别，分支则在分层基础上再按行业分类。

多年实践发现,由于这种树状组织体系结构过于繁杂,难以应对突发的紧急状态,在重大事件应急响应实践中出现了一些突出问题:①由于决策层次过多,影响救援速度,增加应急管理成本;②部门职能交叉,责任不清,难以统一指挥协调;③按日常行政管理程序管理突发事件或危机这种非常态的特殊问题,运行机制难以顺畅。

近年来,一些发达国家逐渐开始在应急管理工作中采用扁平化网状管理结构,这种管理模型决策速度快,响应能力强,运转效率高,有助于克服树状管理结构中存在的问题。网状结构主要由节点、节点之间连线和点线连接后形成的网格组成。多数网状结构是以城市为节点,促进城市之间的互联、互通和互助,淡化各级政府应急管理机构的行政级别,即使是国家和省一级也仅将其当作节点之一,从而使整个应急管理体系重心下移。形成扁平化的应急管理网络,强化地方在应急管理工作中的主导作用,使应急处置指挥地点前移,以提高应急救援工作时效。即使在特别重大事故的应急管理中,有些事故灾难的情况十分复杂,其影响可能跨越几个地区,涉及众多部门,仍然要在应急管理工作中坚持属地为主和资源共享原则。

6.控制局面,防止危机

由于危险化学品事故具有社会危害性,会发展成为影响到社会公共安全的事故。公共安全事故的后果与影响往往难以预料。应急处置略有延误或稍有不慎,就可能改变事故(灾害、事件)的性质,造成失控状态,甚至演变为危机,对整个社会基本价值观、基本准则和社会秩序造成严重威胁,使政府处置危机时面临更紧迫的时间压力和复杂多变的局面,给应急恢复重建带来更大困难和更高成本。

因此,在整个应急响应过程中,必须以防止危机出现为主要战略目标,各项处置措施要坚决果断,要尽快使应急救援队伍到达现场并迅速展开行动,在应急救援同时要做好公众的工作,以防激变,尤其是各类媒体,要坚持正面舆论导向,协助政府稳定民心。

第五节　警戒隔离

一、确定隔离疏散区

危险化学品泄漏后,若接触泄漏物或吸入其蒸气则可能危及生命,因此必须依据泄漏现场的具体情况迅速确定隔离疏散区,以减少事故对人员所造成的伤害。

1. 初始隔离距离和防护距离的定义

初始隔离区(图 4-2):是指发生事故时公众生命可能受到威胁的区域,是以泄漏源为中心的一个圆周区域。圆周的半径即为初始隔离距离。该区只允许少数消防特勤官兵和抢险队伍进入。

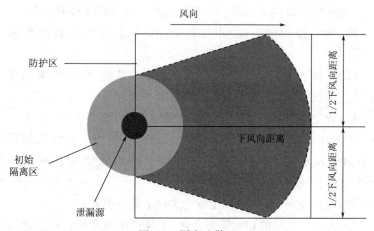

图 4-2　隔离疏散区

疏散区(防护区):是指下风向有害气体、蒸气、烟雾或粉尘可能影响的区域,是泄漏源下风方向的正方形区域。正方形的边长即为下风向疏散距离。该区域内如果不进行防护,则可能使人致残或产生严重的或不可逆的健康危害,应疏散公众,禁止未防护人员进入或停留。如果就地保护比疏散更安全,可考虑采取就地保护措施。

2.初始隔离距离和防护距离的确定

初始隔离距离和防护距离的确定需要依据事故中的危险化学品具体情况及相关的应急救援预案进行确定。也可参照由国家安全生产监督管理总局化学品登记中心组织编写的《常用危险化学品应急速查手册》中的初始隔离距离和防护距离附表,见表 4-1(部分危险化学品)。

3.初始隔离距离和防护距离附表的使用

(1)应急人员首先确定事故中的危险化学物质。

(2)在初始隔离距离和防护距离表中查找事故物质的 UN 号和名称,其中一些 UN 号可能包含多个物质,应找出具体物质名称(在物质名称不详且同 UN 号包含多个物质时,取最大的防护距离)。

(3)查找初始隔离距离。对于给定物质应考虑泄漏量大小。

(4)建立初始隔离区,指导初始隔离区内所有人员向侧风向撤离。

(5)查找下风向防护距离。对于给定的物质,应考虑泄漏量大小、天气情况、事故是发生在夜间或白天等因素。

(6)建立防护区。防护区(即接触危险区)为正方形,正方形的边长和表中给定下风向距离相同。若遇水反应产生有毒气体的物质泄漏进入河流或溪流,有毒气体源会随水流流动并扩散一段距离。

(7)在确定防护距离时,还应考虑以下影响因素:

① 附表中给出的初始隔离距离、下风向疏散距离适用于泄漏后最初 30 min 内或污染范围不明的情况,参考者应根据事故的具体情况如泄漏量、气象条件、地理位置等做出适当的调整。

② 附表中列出了处理各种事故的初始隔离距离,但当危险物品处于火场时,应首先考虑火灾爆炸的危险,其次考虑毒性的危害。

③ 在事故现场中,如果多个槽车、罐车、移动罐、大气体钢瓶发生泄漏,表中"大量泄漏"的相应距离增加。

④ 表中防护距离为 11000 m 以上的物质,指在某些大气条件下,实际距离可能要比 11000 m 大。危险物质的蒸气烟雾若扩散至山谷或多个高层建筑物之间,由于不易扩散,实际防护距离要比表中距离大;如果泄漏发生在白天,在强逆温态或是雪覆盖、日落或静风的条件下,防护距离也必须加大。因为在以上天气情况下,蒸气中悬浮的污染物扩散慢,且能沿下风向扩散较远。

表 4-1 初始隔离距离和防护距离(部分)

UN 号	物质名称	小量泄漏			大量泄漏		
		隔离距离(m)	下风向防护距离(m)		隔离距离(m)	下风向防护距离(m)	
			白天	夜间		白天	夜间
1005 1005	氨,无水 氨,无水,液化的	30	200	300	95	300	800
1005	氨溶液,浓度大于 50%	30	200	200	60	200	300
1005 1005	无水氨 无水氨,液化的	30	200	300	95	300	800
1008 1008	三氟化硼 三氟化硼,压缩的	60	200	600	185	600	2400
1016 1016	一氧化碳 一氧化碳,压缩的	30	200	200	95	200	600
1017	氯气	60	300	800	185	800	3100
1023 1023	煤气 煤气,压缩的	30	200	200	30	300	800
1026 1026	氰 氰,液化的	60	300	1000	215	800	3500
1040 1040	环氧乙烷 环氧乙烷,氮气保护的	60	200	300	125	300	1000
1050	氯化氢,无水的	60	200	500	155	500	1800

续表

UN 号	物质名称	小量泄漏			大量泄漏		
		隔离距离（m）	下风向防护距离（m）		隔离距离（m）	下风向防护距离（m）	
			白天	夜间		白天	夜间
1053 1053	硫化氢 硫化氢，液化的	60	200	500	125	300	1400
1067 1067 1067 1067 1067 1067	四氧化二氮 四氧化二氮，液化的 二氧化氮 二氧化氮，液化的 过氧化氮，液体 四氧化氮，液体	60	200	600	155	500	2100
1071 1071	石油气 石油气，压缩的	30	200	200	30	300	800
1079 1079	二氧化硫 二氧化硫，液化的	125	800	3400	365	2700	11000
1082 1082	三氟氯乙烯 三氟氯乙烯，抑制的	30	200	200	95	200	500
1092	丙烯醛，抑制的	125	500	2300	305	1900	8400
1098	烯丙醇	60	200	500	155	500	1900
1135	2-氯乙醇	95	500	1900	275	1600	6900
1143 1143	丁烯醛，抑制的 丁烯醛，稳定化的	60	200	500	155	500	1800

注：

1. 表中"小量泄漏"是指单个小包装（小于 200 L/容器）、单个小钢瓶或单个大包装的小量泄漏；"大量泄漏"是指一个大包装的泄漏或许多小包装的多处泄漏。通常情况下由现场指挥员根据具体情况灵活掌握。

2. 表中白天是指日出到日落之间的时间，夜间是指日落到日出之间的时间。

3. 表中给出的距离表示发生泄漏后最初 30 min 内蒸气扩散可能产生危害的范围，随着时间的延长，影响的距离会继续扩大。

二、警戒与人员疏散

1. 建立警戒区域

事故发生后，应根据化学品泄漏扩散的情况或火焰热辐射所涉及的范围建立警戒区，并在通往事故现场的主要干道上实行交通管制。建立警戒区域时应注意以下几项：

（1）警戒区域的边界应设警示标志，并有专人警戒；

（2）除消防、应急处理人员以及必须坚守岗位的人员外，其他人员禁止进入警戒区；

（3）泄漏溢出的化学品为易燃品时，区域内应严禁火种。

迅速将警戒区及污染区内与事故应急处理无关的人员撤离，以减少不必要的人员伤亡。

2. 紧急疏散

疏散距离分为两种：紧急隔离带是以紧急隔离距离为半径的圆，非事故处理人员不得入内；下风向疏散距离是指必须采取保护措施的范围，即该范围内的居民处于有害接触的危险之中，可以采取撤离、密闭住所窗户等有效措施，并保持通讯畅通以听从指挥。由于夜间气象条件对毒气云的混合作用要比白天来得小，毒气云不易散开，因而下风向疏散距离相对比白天的远。夜间和白天的区分以太阳升起和降落为准。

紧急疏散时应注意：

（1）如事故物质有毒时，需要佩戴个体防护用品或采用简易有效的防护措施，并有相应的监护措施；

（2）应向侧上风方向转移，明确专人引导和护送疏散人员到安全区，并在疏散或撤离的路线上设立哨位，指明方向；

（3）不要在低洼处滞留；

（4）要查清是否有人留在污染区与着火区。

注意：为使疏散工作顺利进行，每个车间应至少有两个畅通无阻的紧急出口，并有明显标志。且整个疏散过程必须在统一指挥下，按照预定的顺序、路线进行，否则，就可能造成混乱，影响疏散。各现场指挥员(或引导员)要及时向总指挥报告疏散情况。

第六节　人员防护与救护

一、事故现场人员防护

在危险化学品事故现场,救援人员常要直接面对高温、有毒、易燃易爆及腐蚀性的化学物质,或进入严重缺氧的环境,为防止这些危险因素对救援人员造成中毒、烧伤、低温冻伤等伤害,必须加强个人的安全防护,掌握相应的安全防护知识。

救护人员进入事故现场,安全防护是首要的,应配备性能良好的呼吸器具、穿防护服、穿防化靴、佩戴防毒面具或携气式呼吸器等个人防护装备,否则,救护人员在救护过程中自身会中毒。根据化学毒物对人体无防护条件下的毒害性,可把毒物由强到弱分成剧毒、高毒、中毒、低毒、微毒五大类,并充分考虑救援人员所处毒害环境的实际安全需要,确定相对应的防护等级。

不同类型的危险化学品事故的危险程度是不同的,应急人员所应采取的防护等级与防护标准也应有所不同。通常用于化学事故应急救援的个人防护器材按用途可分成两大类:一类是呼吸器官和面部防护器材,通称呼吸防护器材;另一类是身体、皮肤和四肢的防护器材,通称皮肤防护器材。根据化学事故危害的程度、救援任务的要求、现场环境及救援人员生理等因素确定的个人防护器材合理使用和组合的等级就称为安全防护等级。安全防护等级确定后,并不是一直不变的,在救援初期可能使用高等级的防护措施,但当泄漏的有毒化学品浓度降低时,可以降为低一级的防护。

根据事故引发物质的毒性、腐蚀性等危害程度的大小,个人防护一般分三级,防护标准如表 4-2 所示。

选择全防型滤毒罐、简易滤毒罐或口罩等防护用品时,应注意:

(1)空气中的氧气浓度不低于 18%;

表 4-2 安全防护等级

级别	形式	防化服	防护服	防护面具
一级	全身	内置式重型防化服	全棉防静电内外衣	正压式空气呼吸器或全防型滤毒罐
二级	全身	封闭式防化服	全棉防静电内外衣	正压式空气呼吸器或全防型滤毒罐
三级	呼吸	简易防化服	战斗服	简易滤毒罐、面罩或口罩、毛巾等防护器材

(2)不能用于槽、罐等密闭容器环境。

1.危险化学品泄漏事故现场防护等级及标准

对于危险化学品的泄漏事故现场,要根据不同种类和浓度的化学毒物对人体无防护条件下的毒害性和确定的危险区域范围,并充分考虑到救援人员所处毒害环境的实际安全需要,来确定相应的安全防护等级和防护标准,具体如表 4-3 和 4-4 所示。

表 4-3 泄漏事故现场安全防护等级

毒类 \ 危险区	重度危险区	中度危险区	轻度危险区
剧毒	一级	一级	二级
高毒	一级	一级	二级
中毒	一级	二级	二级
低毒	二级	三级	三级
微毒	二级	三级	三级

2.危险化学品爆炸燃烧事故现场防护等级及标准

对于危险化学品的爆炸燃烧事故现场,则要根据危险化学品着火后产生的热辐射强度和爆炸后形成冲击波对人体的伤害程度来确定相应的安全防护等级和防护标准,具体如表 4-5 和 4-6 所示。

表 4-4　泄漏事故现场安全防护标准

级别	形式	皮肤防护		呼吸防护
		防化服	防护服	防护面具
一级	全身	内置式重型防化服	全棉防静电内外衣	正压式空气呼吸器或全防型滤毒罐
二级	全身	封闭式防化服	全棉防静电内外衣	正压式空气呼吸器或全防型滤毒罐
三级	呼吸	简易防化服	战斗服	简易滤毒罐、面罩或口罩、毛巾等防护器材

表 4-5　爆炸燃烧事故现场安全防护等级

毒性　＼　危险区	重度危险区	中度危险区	轻度危险区
剧毒	一级	一级	二级
高毒	一级	一级	二级
中毒	一级	二级	二级
低毒	二级	三级	三级
微毒	二级	三级	三级

表 4-6　爆炸燃烧事故现场安全防护标准

级别	形式	防化服	防护服	防护面具
一级	全身	内置式重型防火服	全棉式防静电内外衣	正压式空气呼吸器或全防型滤毒罐
二级	全身	隔热服	全棉式防静电内外衣	正压式空气呼吸器或全防型滤毒罐
三级	呼吸	战斗服		简易滤毒罐、面罩或口罩、毛巾等防护器材

二、现场救护

危险化学品事故的现场救护是指发生危险化学品事故时，对事故现场的伤员实施及时、有效的初步救护时所采取的一切医学救援行动和措施。危险化学品事故现场会出现不同程度的人员烧伤、中毒、化学品致伤和复合伤等伤害。事故发生后的几分钟、十几分钟是抢救危重伤员的最重要的时刻，医学上称之为"救命的黄金时刻"，在此时间内，抢救及时、正确，生命有可能被挽救；反之，生命丧失或病情加重。因此，学习和了解现场救护知识，对伤员实施及时、正确、有效的初步紧急救护措施，使伤员在尽可能短的时间内获得最有效的救护，为医院救治创造条件，最大限度地挽救伤员的生命和减轻伤残是十分必要的。现场救护的实施及注意事项见第三章相关内容。

三、典型危险化学品伤害事故现场救护要点

(一)急性化学中毒的现场救治要点

　　急性化学中毒主要指危险化学品在较短的时间内进入人体引起机体功能、结构损伤甚至造成死亡的疾病状态，可引起急性化学中毒的致病物质即称为化学毒物。急性化学中毒常见于危险化学品生产、储存、运输过程中，有发病突然，病变骤急、迅速的特点，因此急性化学中毒现场救治非常重要，处理恰当可阻断中毒病变的发展。对急性中毒的处理原则是：尽快中止毒物的继续侵害；对症治疗，尤其是迅速建立并加强生命支持治疗；促进毒物排泄，选用有效解毒药物。反之，则可加重或诱发严重病变。

　　1.急性中毒救治原则

　　(1)切断毒源　使中毒愈者迅速脱离染毒环境。现场急救中，如有毒源继续溢漏，应尽快切断毒源。使患者在通风好、无毒物污染的安全处进行急救和迅速送往医院救治。

　　(2)迅速有效消除威胁生命的毒效应　凡心搏和呼吸停止的应迅速施行心肺复苏(CPR)，对休克、严重心律失常、中毒性肺水肿、呼吸衰竭、中毒性脑病、脑水肿、脑疝者应即时对症救治。

　　(3)尽快明确毒物接触史　接触史包括毒物名称、理化性质与状态、接触时间和吸收量，若不能立即明确，须及时留取洗胃液、呕吐物及排泄物送检测。

（4）尽早足量地使用特效解毒剂。

（5）当中毒的毒物不明者以对症处理为先。

2.急性中毒救治的主要措施

（1）清除尚未吸收的毒物

根据毒物进入途径不同，采取相应排毒方法。

① 吸入性中毒　应立即撤离中毒现场，保持呼吸道通畅，呼吸新鲜空气，吸氧。

② 接触中毒　应立即脱去污染衣服，用清水洗净皮肤。注意冲洗皮肤不要用热水以免增加毒物的吸收；毒物如遇水能发生反应，应先用干布抹去沾染物，再用水冲洗。

③ 经口中毒　应采取催吐、洗胃、导泻法以排出尚未吸收的毒物。洗胃是经口中毒清除未吸收毒物的主要方法。以下几点要特别注意：ⓐ洗胃以服毒 6 h 以内最有效，对服毒 6 h 以上也不应放弃洗胃。ⓑ洗胃的原则：早洗、反复洗、彻底洗。ⓒ洗胃液多以滑水为宜，忌用热水。ⓓ每次催入量以 300～500 mL 为宜，每次洗胃液总量 8000～10000 mL。ⓔ洗胃时应注意防止吸入性肺炎、水中毒和脑水肿。ⓕ对深昏迷、腐蚀性中毒、挥发性烃类化学物（如汽油）口服中毒者不宜洗胃。

（2）及时足量使用特效解毒剂（表 4-7）

表 4-7　常见毒物中毒的拮抗剂

常用特效解毒药	对抗毒物
阿托品	有机磷农药、毒蕈中毒、毛果芸香碱及新斯的明中毒
解磷定、氯磷定（解磷注射液）	有机磷
重金属结合物、二硫基丙醇	砷、汞、锑、铋、锰及铅中毒
硫代硫酸钠	砷、汞、铅、氰化物、碘及溴中毒
亚硝酸异戊酯	氰化物中毒、木薯
美蓝（亚甲蓝）	小剂量急救亚硝酸盐中毒、大剂量用于治疗氰化物中毒
纳洛酮	吗啡类、乙醇
解氟灵（乙酰胺）	灭鼠药（氟乙酰胺）
二硫基丙磺酸钠	毒鼠强

(3)促进毒物的排泄

① 利尿排毒 大多毒物可由肾脏排泄,因此救治急性中毒应注意保肾,有利于充分发挥迅速利尿来加速毒物排泄。ⓐ积极补液是促使毒物随尿排出的最简措施。ⓑ碳酸氢钠与利尿剂合用:可碱化尿液(pH＝8),使有些化合物(如巴比妥酸盐、水杨酸盐及异烟肼等)不易在肾小管内重吸收。ⓒ应用维生素 C 8 g/d,使尿液 pH＜5,促使有些毒物(苯丙胺等)加速排出。ⓓ经补液与利尿剂后,水溶性或与蛋白结合很弱的化合物(如苯巴比妥、眠尔通、苯丙胺及锂盐)较易从体内排出。

② 换血疗法 本法对各种毒物(硝酸盐、亚硝酸盐、氯化物、溴化物、磺胺、硝基苯、含氧化合物等)所致的高铁血红蛋白血症效果好。

③ 透析疗法 本法的适应症如下:水溶性或与蛋白结合较少的化合物如扑热息痛、苯丙胺、溴化物、酒精、乙二醇、锂盐、眠尔通、甲醇、苯巴比妥及水杨酸盐等中毒时透析疗法效果较好;中毒后发生肾功能衰竭者。

④ 血液灌流 是近年发展起来的一种新的血液净化疗法。临床证实有较好的排毒作用。如神经安定药如巴比妥类和安定类药物、解热镇静类药、有机磷农药、有机酸、有机氯农药、洋地黄类、茶碱类等。

(4)有效地对症处理

许多毒物至今尚无有效的解毒剂,急救措施主要依靠及早排毒及有效的对症支持疗法。

① 氧疗法 在急救中,氧疗是一种有效的治疗方法。急性中毒常因毒物的毒理作用而抑制呼吸及气体交换,有的毒物抑制组织内细胞呼吸,造成组织缺氧。因此在救治中要监护呼吸,有效实施吸氧疗法,正确选用鼻导管、面罩、呼吸机、高压氧给氧。

② 低血压、休克,常见于镇静药、催吐药、抗精神病及抗抑郁药物中毒,其作用机制常是综合性的。除补充血容量外,要重视纳洛酮和血管活性药物的应用。

③ 高热与低温的处理 高热常见于酚噻嗪类、单胺氨化酶类及

抗胆碱类等药物中毒,甚至可引起休克及恶性神经抑制综合征。低温多见于镇静安眠药物中毒,在低温时可发生电解质、体液及酸碱失衡,细胞内钠丢失。

④ 心律失常 有些毒物影响心肌纤维的电作用,另外由于心肌缺氧或代谢紊乱而发生心律失常。救治中早期应用镁极化液有助于预防心律失常,同时可根据心律失常的类型选择应用相应的药物,常用的有利多卡因、阿托品、异搏定、心律平和西地兰。

⑤ 心脏骤停 除因严重缺氧外,也有某些毒物的直接作用引起阿斯综合征所致,如急性有机磷农药或有机溶剂中毒。汽油、苯等刺激 β-受体,能突然导致原发性室颤而死亡,氯仿、氟乙酸、氟乙酰胺等严重中毒时,可直接作用心肌发生心室颤动,引起心脏骤停,高浓度氯气吸入,可因迷走神经的反射增强而导致心脏骤停。一旦发生心脏骤停,应分秒必争、紧急进行心肺脑复苏,除有效的胸外心脏按压外,迅速开放气道,有效供氧十分重要,有条件时尽快往气管内插管使用呼吸机。同时根据病情选用肾上腺素、阿托品、纳洛酮等。

(5)保持呼吸道通畅,纠正呼吸困难 呼吸衰竭是急性中毒的重要并发症,是引起死亡的首要原因。引起呼吸衰竭的主要原因是呼吸中枢抑制和中毒性肺水肿,救治中要加强监护,早发现、早处理,保持呼吸道通畅,有效供氧。必要时使用呼吸兴奋剂。

(6)救治中毒性脑病 主要由于亲神经毒物所致,如一氧化碳、二硫化碳、有机汞、麻醉药、镇静药。主要表现不同程度的意识障碍和颅内压增高症状。此外,抽搐、惊厥也是中毒性脑病常出现症状。中毒性脑病的救治重点是早发现、早防治脑水肿,保护脑细胞。根据病情每 $3\sim12$ h 应用脱水剂甘露醇 125 mL＋速尿 20 mg＋地塞米松 10 mg,出现抽搐、惊厥可用苯妥英钠,必要时用地西泮。常规使用 ATP、辅酶 A、胞二磷胆碱、脑复康及纳洛酮。

(7)防治急性肾功能衰竭 原则是有效控制原发病,维持有效血液循环,纠正缺氧,避免使用对肾有损害的药物,合理使用利尿剂。在利尿剂使用效果不佳时,注意选用血管扩张剂(酚妥拉明、阿托品、多巴胺)。

(8)注意内环境管理　急性中毒常因毒物本身的作用和患者呕吐、腹泻、出汗、洗胃等造成内环境的紊乱,主要表现为电解质失衡,酸碱失常,如低血钾、低血钠、酸碱中毒等。在救治中主要是注意监测电解质、酸碱平衡的状况。

(二)危险化学品致热力烧伤的现场救治要点

所谓热力烧伤是指危险化学品事故中的可燃化学物质燃烧产生的火焰、高温的液体化学品及其蒸气对人员局部组织的损伤,轻者损伤皮肤,出现肿胀、水泡、疼痛,重者皮肤烧焦,甚至血管、神经、肌腱等同时受损。

1.热力烧伤的分类

热力烧伤对人体组织的损伤程度按损伤深度一般分为三度,可按三度四分法进行分类,如表 4-8 所示。

表 4-8　烧伤三度四分法

烧伤分级	分度		烧伤分度标准
Ⅰ度烧伤	Ⅰ度		损伤深度为表皮层,表现为轻度红、肿、痛、热感觉过敏,表面干燥无水疱,称为红斑性烧伤
Ⅱ度烧伤	Ⅱ度	浅Ⅱ度	损伤深度为真皮浅层,表现为剧痛、感觉过敏、有水疱;疱皮剥脱后,可见创面均匀发红,水肿;Ⅱ度烧伤又称为水疱性烧伤
		深Ⅱ度	损伤深度为真皮深层,表现为感觉迟钝,有或无水疱,基底苍白,间有红色斑点,创面潮湿
Ⅲ度烧伤	Ⅲ度		损伤深度为全层皮肤,累及皮下组织或更深,表现为皮肤疼痛消失,无弹性,干燥无水疱,皮肤呈皮革状、蜡状、焦黄或炭化,严重时可伤及肌肉、神经、血管、骨骼和内脏

2.热力烧伤的现场急救措施

针对不同程度的烧伤人员,可分别采取相应的措施。

对于Ⅰ度烧伤者,迅速脱去伤员衣服或顺衣缝剪开,可用水冲洗或浸泡 10～20 min,涂上外用烧伤膏药,一般 3～7 日治愈。

对浅Ⅱ度烧伤引起的表皮水疱,不要刺破或剪破,以免细菌感染,不要在创面上涂任何油脂或药膏,应用干净清洁的敷料或就近取材,如方巾、床单等覆盖伤部,以保护创面,防止污染。

对深Ⅱ度或Ⅲ度烧伤者,可在创面上覆盖清洁的布或衣服,严重口渴者可口服少量淡盐水或淡盐茶,条件许可时,可服用烧伤饮料。

对大面积烧伤伤员或严重烧伤者,应尽快组织转送医院治疗。

3. 热力烧伤的现场急救程序

烧伤现场急救的原则是先除去伤因,脱离现场,保护创面,维持呼吸道畅通,再组织转送医院治疗。其现场急救的具体措施如下。

(1)去除致伤源

一般而言,烧伤的面积越大,深度越深,则治疗越困难,如火焰烧伤时的衣服着火有一定的致伤时间,且烧伤面积和深度往往与致伤时间成正比。因此,早期处理的首要措施是去除致伤源,尽量"烧少点、烧浅点",并使伤员迅速离开密闭和通气不良的现场,防止增加头面部烧伤或吸入烟雾和高热空气引起吸入性损伤和窒息。

去除致伤源的方法有:

① 尽快脱去着火或危险化学品浸渍的衣服,特别是化纤面料的衣服,以免着火衣服或衣服上的热液继续作用,使创面加大加深。

② 尽可能迅速地利用身边的不易燃材料或工具灭火,如毯子、雨衣(非塑料或油布)、大衣、棉被等迅速覆盖着火处,使其与空气隔绝。

③ 用水将火浇灭,或跳入附近水池、河沟内,一般不用污水或泥沙进行灭火,以减少创面污染,但若确无其他可利用材料时,亦可应用污水或泥沙,注意不要因此而使烧伤加深,面积加大。对神志不清或昏迷的伤员要仔细检查已灭火而未脱去的燃烧过的衣服,特别是棉衣或毛衣是否仍有余烬未灭,以免再次烧伤或烧伤加深加重。

④ 迅速卧倒后,慢慢在地上滚动,压灭火焰。禁止伤员衣服着火时站立或奔跑呼叫,以免助燃和吸入火焰。

(2)初步检查

伤员迅速移至安全地带后,应立即检查是否有危及伤员生命的一些情况,如呼吸和心搏骤停者,应实施现场心肺复苏救生术;如遇呼吸道梗阻征象的伤员、头面颈部深度烧伤或吸入性损伤发生呼吸困难的伤员,可根据情况用气管插入或切开,并予以氧气吸入,保持呼吸道通畅;伴有外伤出血者应尽快止血;骨折者应先进行临时骨折固定再搬动,对颈椎或腰椎损伤者需要进行颈部固定术,并由三人平托伤员至木板上,取仰卧位;颅脑、胸腹、开放性气胸、严重中毒者等应迅速进行相应的处理与抢救,待复苏后优先送到就近医疗单位进行处理。

（3）判断伤情

对于烧伤不能危及生命的伤员,应依烧伤面积大小和深度判断伤情。并注意有无吸入性损伤、中毒或复合伤等。如骨折伤员应进行固定,复合伤、中毒、颅脑、胸腹等严重创伤者应在积极进行抢救的同时,再优先送至邻近医疗单位处理。

（4）冷疗

热力烧伤后及时冷疗能防止热力继续作用于创面使其加深,并可减轻疼痛、减少渗出和水肿,因此去除致伤源后应尽早进行冷疗,越早效果越好,冷疗一般适用于中小面积烧伤,特别是四肢的烧伤。冷疗的方法是将烧伤创面在自来水龙头下淋洗或浸入冷水中（水温以伤员能耐受为准,一般为 15～20 ℃,热天可在水中加冰块）,或用冷（冰）水浸湿的毛巾、沙垫等敷于创面。治疗的时间无明确限制,一般需 0.5～1 h,到冷疗停止后不再有剧痛为止。

（5）镇静止痛

烧伤病人有不同程度的疼痛和烦躁,应予以镇静止痛。对轻度烧伤病人,可口服止痛片或肌肉注射杜冷丁。而对大面积烧伤病人,由于外周循环较差和组织水肿,肌肉注射往往不易吸收,可将杜冷丁稀释后由静脉缓慢推注,一般与非那根合用。如伤员已有休克,肌肉注射吸收比较差,达不到应有的效果,应采用静脉注射（5%～10%葡萄糖液中缓慢注）或打点滴。但对年老体弱、婴幼儿、颅脑损伤、呼吸抑制或严重吸入性损伤呼吸困难者应慎用或尽量不用杜冷丁或吗啡,以免抑制呼吸,可改用鲁米那或非那根。

（6）创面处理

一般在休克被控制、伤情相对平稳后进行简单的清创，清创时，重新核对烧伤面积和深度；清创后，根据情况对创面实行包扎或暴露疗法，选用有效外用药物。注意水疱不要弄破，也不要将腐皮撕去，以减少创面污染机会，另外，寒冷季节要注意保暖。

除很小面积的浅度烧伤外，创面不要涂有颜色的药物或用油脂敷料，以免影响进一步创面深度估计与处理（清创等），一般可用消毒敷料、烧伤制式敷料或三角巾等进行包扎，如无适当的敷料（敷料宜厚，吸水性强，不致渗透，防止增加污染机会），至少应用已消毒或清洁的被单、衣服等将创面妥为包裹，可以简单保护创面，以免再污染。

对于手指（趾）环形、缩窄性焦痂，痂下张力较高时，应进行双侧焦痂切开，以解除压迫，防止远端或深部组织缺血坏死，切口应延开至指（趾）端，并注意保护创面，防止再损伤。

（7）补液治疗

为了防止伤员发生休克，一般可口服适当烧伤饮料（每片含氯化钠 0.3 g，碳酸氢钠 0.15 g，苯巴比妥 0.03 g，糖适量。每服一片，服开水 100 mL），一次量不宜过多，以免发生呕吐、腹胀，甚至急性胃扩张，也可口服含盐的饮料，如加盐的热茶、米汤、豆浆等，但不宜单纯大量喝开水，以免发生水中毒。

而对烧伤面积较大的严重烧伤伤员、浅Ⅱ度烧伤面积超过 1％的小儿或老年、已有休克征象或胃肠道功能紊乱（腹胀、呕吐等）的伤员，如条件允许，应进行静脉补液（等渗盐水、5％葡萄糖盐水、平衡盐溶液、右旋糖酐和／或血浆等），以防止在送医院途中发生休克。

（8）应用抗生素

为了防止创面的感染，可根据伤情选择抗生素，如青霉素（过敏试验阴性后）、庆大霉素、苯唑青霉素、丁胺卡那毒素及其他广谱抗生素。一般伤员可口服广谱抗生素，危重或休克病人不能口服或估计口服吸收不良，应肌注或静脉注射抗生素。

（9）及时记录及填写医疗表格

为了解伤员入院前的治疗经过，在事故现场救治时除应记录烧伤面积、深度、复合伤和中毒等情况外，还应将灭火方法、现场急救及治疗的措施注明，并作初步的伤情分类，供后续治疗参考。

（三）危险化学品致化学烧伤的现场救治要点

1.化学烧伤的致伤机制

化学烧伤指常温或高温的化学物直接对皮肤刺激、腐蚀及化学反应热引起的急性皮肤、黏膜的损害，常伴有眼灼伤和呼吸道损伤，某些化学毒物还可经过皮肤黏膜呼吸引起中毒，故化学烧伤不同于一般的热力烧伤和开水烫伤，其损害程度与化学物质的种类、性质、剂量、浓度、皮肤接触时间及面积、处理是否及时准确及有效等因素有关。因此，某些化学烧伤可能是局部很深的进行性损害，甚至通过创面等途径吸收引起全身中毒，导致全身各脏器官的损害。

（1）局部损害

化学物质对局部组织的损害有氧化作用、还原作用、腐蚀作用、脱水作用及起疱作用等。一种化学物质可同时存在以上几种作用，不同的化学物质对局部损害的方式和程度也不同，例如，酸具有腐蚀性，烧伤后组织蛋白凝固在局部形成一层痂壳，可预防酸的进一步损害；碱具有吸水作用，烧伤后则皂化脂肪组织，并可产生可溶性碱性蛋白，对局部创面继续造成损害；有的则因本身燃烧或热的损害而引起烧伤，如磷烧伤，磷烧伤后形成磷酸，可继续使组织损害或破坏加深；有的化学物质本身对皮肤并不致伤，但由于燃烧致皮肤烧伤，并进而引起毒物从创面吸收，加深局部的损害或引起中毒反应等。

局部损害中，除皮肤损害外，黏膜受伤的机会也较多，尤其是某些化学蒸气或发生爆炸燃烧时导致眼及呼吸道的烧伤更为多见。因此，对这些致伤机理的了解，有助于化学烧伤的局部处理。

（2）全身损害

化学烧伤的严重性不仅在于局部损害，更严重的是有些化学药物可以从创面、正常皮肤、呼吸道、消化道黏膜等吸收，引起中毒和内脏继发性损伤，甚至死亡。有的烧伤并不太严重，但由于合并有化学中毒,增加了救治的困难,使治愈较同面积和深度的一般烧伤明显降低,如氢氟酸灼伤。虽然化学致伤物质的性能各不相同,全身各重要内脏器官都有被损伤的可能,但多数化学物质系经由肝解毒、肾排出体外,因此可能出现肝、肾损害。常见的有中毒性肝炎、急性肝坏死、急性肾功能衰竭及肾小管肾炎等,如酚、磷烧伤。

除了由于化学蒸气直接对呼吸道黏膜的刺激与呼吸道烧伤所致外,不少挥发性化学物质的呼吸道吸入和呼吸道排出,亦可刺激肺泡及呼吸道,引起肺水肿及吸入性损伤,如氨烧伤。此外,还有些化学物质可抑制骨髓、直接破坏红细胞,造成大量溶血,不仅使伤员贫血,携氧功能发生严重障碍,而且增加肝、肾功能的负担与损害,如苯。有的则与血红蛋白结合成异性血红蛋白,发生严重缺氧;有的则可引起中毒性脑病、脑水肿、周围或中枢神经损害,骨髓抑制、心脏毒害、消化道溃疡及大出血等,如苯的氨基、硝基化合物等。

2. 化学烧伤的现场急救措施

化学烧伤的现场处理原则与一般的热力烧伤处理原则相同,除应迅速脱离致伤环境现场,终止化学物质对机体的继续损害外,还应立即用大量流水冲洗创面,再以药物中和,有吸收中毒的化学物质烧伤时,应立即采取有效解毒措施,防止中毒,对通过肾脏排泄的化学物质致伤时应加强利尿,以使毒物迅速排出,具体的处理措施如下。

(1)脱离致伤环境现场

脱离致伤环境现场就是指把化学物质尽快从烧伤的皮肤上清除,终止化学物质对机体的继续损害。最简单而有效的方法是迅速脱去被化学物质污染、浸渍的衣服,特别是化纤面料的衣服,以免衣服着火或衣服上的热液继续作用,使创面加大加深。

(2)用大量流动清水冲洗

化学物质致伤的严重程度除与化学物质的性质和浓度有关外,还与接触时间有关。因此,对于大多数化学物质,均应立即用大量清洁水冲洗被化学物质污染而受伤的皮肤,一方面是依靠大量水的稀释作用冲淡和清除残留的化学物质,另一方面是通过大量水冲洗的机械作用将化学物质从创面、黏膜上冲洗干净,冲洗时可能产生一定的热量,但由于持续冲洗,可使热量迅速消散。

值得注意的是,石灰等化学物质溶解时产热的化学烧伤,在清洗前应将石灰去除,以免遇水后石灰产热,加深创面损害。一般情况下,碱烧伤时冲洗时间过短很难奏效;如果同时伴有热力烧伤,冲洗还具有冷疗的作用,可减轻疼痛。因此,冲洗用水量应足够大,时间要足够长,保证将残余的化学物质从创面冲尽,一般在 0.5 h 以上,冲洗时间可参考被烧伤皮肤的 pH 值恢复到正常为标准。

(3)头、面部烧伤时,应首先注意眼睛、耳、口腔的清洗

特别是眼,应首先冲洗,动作要轻柔,并检查角膜有无损伤,并优先予以冲洗。如有条件可用等渗盐水冲洗,否则一般清水亦可,如发现眼睑痉挛、流泪、结膜充血,角膜上皮肤及前房混浊等,应立即用生理盐水或蒸馏水冲洗,时间在 0.5 h 以上。

对于碱烧伤,上述冲洗完后再用 3% 的硼酸溶液冲洗,酸烧伤用 2% 的碳酸氢钠冲洗,然后用 2% 荧光素染色检查角膜损伤情况,轻者呈黄绿色,重者呈瓷白色。为防止虹膜睫状体炎,可滴入 1% 阿托品液扩瞳,用 0.25% 氯霉素液,1% 庆大霉素液或 1% 多粘菌素液滴眼,以及涂 0.5% 金霉素眼膏等以预防继发感染,还可用醋酸可的松眼膏以减轻眼部炎症反应。局部不必用眼罩或纱布包扎,但应用单层油纱布覆盖以保护裸露的角膜,防止干燥所致损害。

(4)按化学物质的理化特性分别处理

用大量流动水持续冲洗后,可考虑应用适合的中和剂和化学物质反应减轻病变的损害程度。如磷烧伤时可用 5% 碳酸氢钠溶液,但中和时间不能过长,一般 20 min 即可,中和处理后仍须再用清水冲掉中和剂,以免因为中和反应产热而给机体带来进一步的损伤。

应予以注意的是,使用中和剂所发生的中和反应可产生热量,有时可加深烧伤,而且有些中和剂本身也有损害作用,如刺激和毒性。因此,应按照化学物质的理化性质分别处理。如四氯化钛、金属钠和石灰等沾染皮肤不仅可引起烧伤,而且遇水后水解产生大量热,更加重皮肤的烧伤。因此,不能立即用水清洗,应尽快用布或纸将化学物质吸掉,再用水彻底清洗,随着持续的大量流动水冲洗,热量也可逐

渐消散。有些化学致伤物质并不溶于水,但冲洗的机械作用可将其创面清除干净。

(5)防止中毒

有些化学物质可引起全身中毒,应严密观察病情变化,一旦诊断有化学中毒可能时,应根据致伤因素的性质和病理损害的特点,选用相应的解毒剂或对抗剂治疗。有些毒物迄今尚无特效解毒药物,在发生中毒时,应使毒物尽快排出体外,以减少其危害,一般可静脉补液及给予利尿剂,以加速排尿。

3.危险化学品致大面积烧伤的现场救治

危险化学品事故导致的大面积化学烧伤不常见,然而,一旦发生,其救治极其困难,大面积化学烧伤患者除了与大面积火焰烧伤患者同样面临的烧伤休克、创面感染、免疫系统功能紊乱、代谢失调、内脏损害和功能受损等严重问题外,还存在机体被大量毒物侵袭,从而导致严重的重要器官功能损害、致命性的全身性中毒等一系列并发症的危险性。危险化学品致大面积烧伤的现场救治原则和措施同上,但有以下几点需要注意。

(1)在抢救大面积化学烧伤患者时,不要盲目追求快而不予处理就送往医院,而应迅速将其脱离受伤环境,脱去污染的衣服,用大量的水冲洗创面及其周围的正常皮肤,并注意保暖,因此,要求冲洗的水温在40 ℃左右为宜。冲洗后,应在保护创面的基础上最大限度地去除创面上的化学物质,去除的方法可根据化学物质的性质区别对待。

(2)持续冲洗后包扎创面,并注意检查是否有直接威胁生命的复合伤或多发伤存在,如窒息、心跳呼吸骤停、脑外伤、骨折等,若有则应按外伤急救原则作相应的紧急处理;与此同时,还应密切注意眼、鼻、耳、口腔的冲洗,特别是眼的化学烧伤。

(3)对于化学物质致大面积烧伤患者,仅靠清水冲洗,施以解毒剂或中和剂是不够的。因为大多数化学物质都具有强烈的腐蚀性、刺激性和渗透性,固态、液态的化学物质常造成皮肤的深度烧伤,形成焦痂,有的甚至深达肌肉、骨骼,形成难以愈合的溃疡。有的还带有强烈的毒性。因此,应尽早切、削除焦痂,除去毒物的来源。

(四)危险化学品致低温冻伤的现场救治要点

有些危险化学品能造成事故现场人员的低温冻伤,如液化石油气、液氨泄漏后由于汽化而吸收周围空气中的热量,如现场救援人员防护措施不当,极易造成低温冻伤。救治低温冻伤要早期快速复温,恢复正常的血流量,最大限度地保存有存活能力的组织并恢复功能。

1.低温冻伤的分类

一度冻伤(红斑级):是皮肤表皮层冻伤,复温后的早期症状是充血和水肿,皮肤呈紫色或红色斑块,以后皮肤逐渐发热、变干,数小时内出现水肿。局部麻木、刺痛、灼热、发痒。若及时处理,症状在数天内消失,痊愈后有表皮脱落,不留瘢痕。

二度冻伤(水泡级):为皮肤全层冻伤。此时皮肤红肿外,12～24小时内出现水泡,水泡内为血清状液或稍带血丝,疼痛较重。若无感染,一般经2～3周水泡干燥、表皮逐渐脱落、真皮再生而恢复,很少有瘢痕;若合并感染,则创面形成溃疡,愈合后有瘢痕。

三度冻伤(坏死级):除皮肤坏死外,损伤可深达肌肉甚至骨骼,皮肤呈青紫色或黑紫色,局部感觉完全消失,其周围有红肿、疼痛,可出现血性水泡。若无感染,坏死组织干燥成痂,而后逐渐形成肉芽创面,愈合很慢而留有瘢痕。

2.现场治疗措施

(1)迅速将伤员送进温暖的室内,口服热饮料,脱掉或剪除潮湿和冻结的衣服、鞋袜,尽早用温度保持在 40～44 ℃ 的 1∶1000 的洗必泰或 1∶1000 的呋喃西林溶液浸泡,或用热水袋、电热毯等方法使伤害部位快速复温,先躯干中心复温,后肢体复温,直到伤部充血或体温正常为止,禁用冷水浸泡、雪搓或火烤。在复温过程中,注意防治可能出现的肺水肿、脑水肿和肾功能障碍等。

(2)擦干创面,涂不含酒精(无刺激性)的消毒剂,用无菌厚层敷料包扎,不要挑破水疱,指(趾)间用无菌纱布隔开,防止粘连。

(3)防止休克,口服或注射止痛药物。

(4)预防感染,肌肉注射抗感染药物。未行破伤风类霉素注射者,应行破伤风抗霉血清和类毒素注射。

（5）低温冻伤伤员应做好全身和局部保暖,然后送到低温伤专科医院治疗。

第七节　现场处置

一、危险化学品事故现场处置概述

危险化学品事故现场处置是针对发生的危险化学泄漏、火灾、爆炸、中毒等事故启动相应的现场处置预案,从操作措施、工艺流程、现场处置、事故控制、人员救护、消防、现场恢复等方面进行明确的应急处置措施。

在现场处置过程中应注意以下事项:

（1）佩戴个人防护器具方面的注意事项;

（2）使用抢险救援器材方面的注意事项;

（3）采取救援对策或措施方面的注意事项;

（4）现场自救和互救注意事项;

（5）现场应急处置能力确认和人员安全防护等事项;

（6）应急救援结束后的注意事项。

二、典型危险化学品事故现场处置要点

(一)危险化学品泄漏事故的现场处置

危险化学品泄漏事故是指盛装危险化学品的容器、管道或装置,在各种内外因素的作用下,其密闭性受到不同程度的破坏,导致危险化学品非正常地向外泄放、渗漏的现象。

一旦发生危险化学品泄漏事故,要迅速按泄漏事故现场处置预案进行处置。

1.进入泄漏事故现场进行处理时的安全防护

（1）进入现场救援人员必须配备必要的危险化学品应急救援防护器具。

（2）如果泄漏物是易燃易爆的，事故中心区应严禁火种、切断电源、禁止车辆进入、立即在边界设置警戒线。根据事故情况和事故发展，确定事故波及区人员的撤离。

（3）如果泄漏物是有毒的，应使用专用防护服、隔绝式空气面具（为了在现场上能正确使用和适应，平时应进行严格的适应性训练）。立即在事故中心区边界设置警戒线。根据事故情况和事故发展，确定事故波及区人员的撤离。

（4）应急处理时严禁单独行动，要有监护人，必要时用水枪、水炮掩护。

2.危险化学品泄漏源控制

泄漏源控制是指通过控制危险化学品的泄放和渗漏，从根本上消除危险化学品的进一步扩散和流淌的措施和方法。

（1）关阀断料　管道发生泄漏，泄漏点处在阀门以后且阀门尚未损坏，可采取关闭输送物料管道阀门、断绝物料源的措施，制止泄漏。关闭管道阀门时，必须设开花水枪或喷雾水枪掩护。

关阀断料，是指通过中断泄漏设备物料的供应，从而控制灾情的发展。如果泄漏部位上游有可以关闭的阀门，应首先关闭该阀门，泄漏自然会消除；如果反应容器、换热容器发生泄漏，应考虑关闭进料阀。通过关闭有关阀门、停止作业或通过采取改变工艺流程、物料走副线、局部停车、打循环、减负荷运行等方法控制泄漏源。

（2）堵漏封口　管道、阀门或容器壁发生泄漏，且泄漏点处在阀门以前或阀门损坏，不能关阀止漏时，可使用各种针对性的堵漏器具和方法实施封堵泄漏口，控制危险化学品的泄漏。进行堵漏操作时，要以泄漏点为中心，在储罐或容器的四周设置水幕、喷雾水枪，或利用现场蒸汽管的蒸汽等雾状水对泄漏扩散的气体进行围堵、稀释降毒或驱散。常用的堵漏封口的方法有调整间隙消漏法、机械堵漏法、气垫堵漏法、胶堵密封法和磁压堵漏法等。

（3）倒罐　当采用堵漏法不能制止储罐、容器或装置泄漏时，可采取疏导的方法通过输送设备和管道将泄漏装置内部的液体倒入其他容器、储罐中，以控制泄漏量和配合其他处置措施的实施。常用的倒罐方法有压缩机倒罐、烃泵倒罐、压缩气体倒罐和压差倒罐四种。

① 压缩机倒罐 压缩机倒罐(图 4-3)就是首先将事故装置和安全装置的液相管连通,然后将事故装置的气相管接到压缩机出口管路上,安全装置的气相管接到压缩机入口管路上,用压缩机来抽吸安全装置的气相压力,经压缩后注入事故装置,这样在装置压力差的作用下将泄漏的液体由事故装置倒入安全装置。

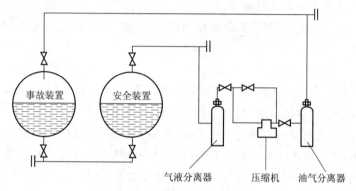

图 4-3 压缩机倒罐工艺流程

注意:采用压缩机进行倒罐作业,事故装置和安全装置之间的压差应保持在 0.2~0.3 MPa 范围内,为加快倒罐作业速度,可同时开启两台压缩机;应密切注意控制事故装置的压力和液位的变化情况,不宜使事故装置的压力过低,一般应保持在 147~196 kPa 范围内,以免空气进入,在装置内形成爆炸性混合气体;在开机前,应用惰性气体对压缩机汽缸及管路中的空气进行置换。

② 烃泵倒罐 烃泵倒罐(图 4-4)是将事故装置和安全装置的气相管相互接通,事故装置的出液管接在烃泵入口,安全装置的进液管接入烃泵出口,然后开启烃泵,将液体由事故装置倒入安全装置。

注意:该法工艺流程简单,操作方便,能耗小,但是当事故装置内的压力过低时,应和压缩机联用,以提高事故装置内的气相压力,保证烃泵入口管路上有足够的静压头,避免发生气阻和抽空。

③ 压缩气体倒罐 压缩气体倒罐是将氮气、二氧化碳等压缩气体或其他与储罐内液体混合后不会引起爆炸的不凝、不溶的高压惰

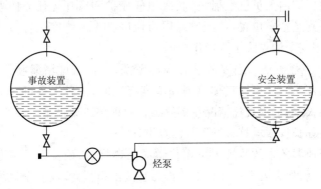

图 4-4　烃泵倒罐的工艺流程

性气体送入准备倒罐的事故装置中,使其与安全装置间产生一定的压差,从而将事故装置内的液体倒入安全装置中。该法工艺流程简单,操作方便,但是值得注意的是,压缩气瓶的压力在导入事故装置前应减小,且进入装置的压缩气体压力应低于装置的设计压力。

④ 压差倒罐　压差倒罐就是将事故装置和安全装置的气、液相管相连通,利用两装置的位置高低之差产生的静压差将事故装置中液体倒入安全装置中。该法工艺流程简单,操作方便,但是倒罐速度慢,很容易达到两罐压力平衡,倒罐不完全。

(4)转移　当储罐、容器、管道内的液体大量外泄,堵漏方法不奏效又来不及倒罐时,可将事故装置转移到安全地点处置。首先应在事故点周围的安全区域修建围堤或处置池,然后将事故装置及内部的液体导入围堤或处置池内,再根据泄漏液体的性质采用相应的处置方法。如泄漏的物质呈酸性,可先将中和药剂(碱性物质)溶解于处置池中,再将事故装置移入,进而中和泄漏的酸性物质。

(5)点燃　当无法有效地实施堵漏或倒罐处置时,可采取点燃措施使泄漏出的可燃性气体或挥发性的可燃液体在外来引火物的作用下形成稳定燃烧,控制其泄漏,降低或消除泄漏毒气的毒害程度和范围,避免易燃和有毒气体扩散后达到爆炸极限而引发燃烧爆炸事故。

① 点燃准备　实施点燃前必须做好充分的准备工作,首先要确

认危险区域内人员已经撤离,其次担任掩护和冷却等任务的喷雾水枪手要到达指定位置,检测泄漏周边地区已无高浓度混合可燃气体后,使用安全的点火工具操作。

② 点燃方法 当事故装置顶部泄漏,无法实施堵漏和倒罐,而装置顶部泄漏的可燃气体范围和浓度有限时,处置人员可在上风方向穿避火服,根据现场情况在事故装置的顶部或架设排空管线,使用点火棒如长杆或电打火器等方法点燃。

当泄漏的事故装置内可燃化学品已燃烧时,处置人员可在实施冷却控制、保证安全的前提下从排污管接出引流管,向安全区域排放点燃,点燃时,操作人员处于安全区域的上风向,在做好个人安全防护的前提下,通过铺设导火索或抛射火种(信号枪、火把)等方法点燃。

3. 危险化学品泄漏物处理

泄漏物处理是指对事故现场泄漏的危险化学品及时采取覆盖、固化、收容、输转等措施,使泄漏的化学品得到安全可靠的处置,从根本上消除危险化学品对环境的危害。

(1)筑堤 筑堤是将液体泄漏物控制到一定范围内再进行泄漏物处置的前提。筑堤拦截处置泄漏物除应考虑泄漏物本身的特性外,还要确定修筑围堤的地点,既要离泄漏点足够远,保证有足够的时间在泄漏物到达前修好围堤,又要避免离泄漏点太远,使污染区域扩大,带来更大的损失。

对于无法移动装置的泄漏,则在事故装置周围筑堤或修建处置池,并根据泄漏液体的性质采用相应的处置方法。如泄漏的物质呈酸性,一般采用中和法处置。即先在处置池中放入大量的水,然后加入中和药剂(碱性物质),边加入边搅拌,使其迅速溶解,并混合均匀,防止药剂溶解放出大量的热使处置池内温度上升,造成危险品更大量地外泄。

(2)收集 对于大量液体的泄漏,可选择隔膜泵将泄漏出的物料抽入容器内或槽车内再进行其他处置;对于少量液体的泄漏可选择合适的吸附剂采用吸附法处理,常用的吸附剂有活性炭、沙子、黏土和木屑等。

（3）稀释与覆盖　向有害物蒸气云喷射雾状水，加速气体向高空扩散。对于可燃物，也可以在现场施放大量水蒸气或氮气，破坏燃烧条件。对于液体泄漏，为降低物料向大气中的蒸发速度，可将泡沫覆盖在泄露物表面形成覆盖层，或将冷冻剂散布于整个泄漏物表面固定泄漏物，从而减少泄漏物的挥发，降低其对大气的危害和防止可燃性泄漏物发生燃烧。

通常泡沫覆盖只适用于陆地泄漏物，并要根据泄漏物的特性选择合适的泡沫，一般要每隔 $30\sim60$ min 覆盖一次泡沫，以便有效地抑制泄漏物的挥发。另外，泡沫覆盖必须和其他的收容措施如筑堤、挖沟槽等配合使用。

常用的冷冻剂有二氧化碳、液氮和冰，要根据冷冻剂对泄漏物的冷却效果、事故现场的环境因素和冷冻对后续采取的其他处理措施的影响等因素综合选用冷冻剂。

（4）固化　通过加入能与泄漏物发生化学反应的固化剂或稳定剂使泄漏物转化成稳定形式，以便于处理、运输和处置。有的泄漏物变成稳定形式后，由原来的有害变成了无害，可原地堆放，不须进一步处理；有的泄漏物变成稳定形式后仍然有害，必须运至废物处理场所进一步处理或在专用废弃场所掩埋。常用的固化剂有水泥、凝胶、石灰，要根据泄漏物的性质和事故现场的实际情况综合选择。

（5）废弃　将收集的泄漏物运至废物处理场所处置。用消防水冲洗剩下的少量物料，冲洗水排入污水系统处理。

4.**努力减轻泄漏危险化学品的毒害**

参加危险化学品泄漏事故处置的车辆应停于上风方向，消防车、洗消车、洒水车应在保障供水的前提下，从上风方向喷射开花或喷雾水流对泄漏出的有毒有害气体进行稀释、驱散；对泄漏的液体有害物质可用沙袋或泥土筑堤拦截，或开挖沟坑导流、蓄积，还可向沟、坑内投入中和（消毒）剂，使其与有毒物直接起氧化、氯化作用。从而使有毒物改变性质，成为低毒或无毒的物质。对某些毒性很大的物质，还可以在消防车、洗消车、洒水车水罐中加入中和剂（浓度为 5% 左右），则驱散、稀释、中和的效果更好。

5.着力搞好现场检测

应不间断地对泄漏区域进行定点与不定点的检测,以及时掌握泄漏物质的种类、浓度和扩散范围,恰当地划定警戒区(如果泄漏物系易燃易爆物质,警戒区内应禁绝烟火,而且不能使用非防爆电器,也不准使用手机、对讲机等非防爆通信装备),并为现场指挥部的处置决策提供科学的依据。为了保证现场检测的准确性,泄漏事故发生地政府应迅速调集环保、卫生部门和消防特勤部队的检测人员和设备共同搞好现场检测工作。若有必要,还可按程序请调军队防化部队增援。

6.把握好灭火时机

当危险化学品大量泄漏,并在泄漏处稳定燃烧,在没有绝对把握制止泄漏的情况下,不能盲目灭火,一般应在制止泄漏成功后再灭火。否则,极易引起再次爆炸、起火,将造成更加严重的后果。

7.后续措施及要求

制止泄漏并灭火后,应对泄漏(尤其是破损)装置内的残液实施输转作业。然后,还须对泄漏现场(包括在污染区工作的人和车辆装备)进行彻底的洗消,处置和洗消的污水也须回收消毒处理。对损坏的装置应彻底清洗、置换,并使用仪器检测,达到安全标准后,方可按程序和安全管理规定进行检修或废弃。总之,危险化学品泄漏的处置危险性大,难度也大,必须周密计划,精心组织,科学指挥,严密实施,确保万无一失。

(二)危险化学品火灾事故现场处置

1.危险化学品火灾扑救安全防护准备

危险化学品火灾扑救安全防护准备是火灾灭火救援工作的必要条件。安全防护准备不充分,势必会影响参战人员的战斗力,影响灭火救援工作的顺利进行。安全防护准备主要包括防护器材准备、检测仪器的准备和请求医疗救护支援三个方面的内容。

(1)防护器材的准备　在进行危险化学品火灾的扑救任务时,火灾现场情况复杂,毒气可能很高,由于燃烧、爆炸致使同时存在高温、缺氧、断电、烟雾大而能见度低等恶劣条件。根据扑救火灾的需要，应准备好各种防护器材。防护器材的准备工作一般以个人防护器材为主。个人防护器材包括对呼吸道、眼睛的防护为主的各种呼吸器具和防毒面具，对全身防护的全身防护服和对局部防护的防毒斗篷、手套、靴套等。个人防护措施就其作用来说，有呼吸防护和皮肤防护两个方面。

（2）检测仪器的准备　并非所有的危险化学品火灾事故都有对可燃气体和有毒气体检测的必要，但对于大多数情况来说，这种需要是可能的，尤其在初始阶段的划定警戒线（范围）时。正确选择可燃气体检测仪，首先应根据仪器使用的场合和事故现场情况来选择相应的防爆类别，其次，要根据现场进行的检测需要（泄漏检测、连续监控）来选择检测仪器的类型，其精度应符合检测现场要求。有毒气体探测仪不只用于有毒性气体泄漏发生的火灾事故中，而更多的是不完全燃烧产物如一氧化碳、氮氧化物、硫化物、氰化物、二氧化硫、氯气等这些气体微量就能使人中毒，使现场灭火人员丧失活动能力，直接影响营救遇难者、抢救财产。因而毒气探测和发出报警是非常必要的。

（3）请求医疗救护支援　危险化学品火灾现场可能有大量人员中毒、烧伤，在对火灾现场处置的同时，应尽可能尽早地通知当地的医疗卫生部门前来支援，确保被营救出的受伤人员得到及时有效的治疗。

2.灭火救援总体行动注意事项

（1）谨慎地进入事故现场　危险化学品火灾后，现场情况复杂，危险性很大。因此，切勿急于进入事故现场。只有查清所面临的情况后，才能实施救援或灭火，否则可能会陷入被动的境地。

（2）判定危险程度　判定火灾事故的危险程度可以从多个方面入手。标签、容器标记、货运票据和现场知情人员都是有价值的信息源。

（3）划定警戒隔离区　在进入危险区现场之前，尽可能先行划定警戒隔离区，以确保人员及环境的安全。划定警戒区要同时考虑灭火救援所需设备的进出空间。

（4）尽量争取支援　建议火场指挥人员尽早向有关负责单位发出通知,请求派遣专家前来协助。医疗救护的支援是必不可少的。

（5）确定进入事故现场的入口　风向是值得极为重视的问题。对为救出人员、保护财产或环境所采取的措施必须加以权衡,是否可能会造成困难。进入事故区必须配备防护设备,且应尽量佩戴隔绝式面具,因为一般防护面具对一氧化碳无效。切勿进入溢流区或接触溢流物。即使知道其中没有危险品,也要避免吸入烟气、烟雾及汽化物。对那些没有气味的气体或汽化物也不要认为是无害的。

（6）明确撤退的路线、方法和信号　事故现场要作统一规定。撤退信号应格外醒目,能使现场所有人员都看到或听到。

3.危险化学品火灾扑救对策

（1）正确选用灭火剂

扑救危险化学品火灾必须根据燃烧物品性质,正确选用灭火剂,防止因灭火剂使用不当而扩大火情,甚至引起爆炸。

① 大多数易燃、可燃液体火灾都能用泡沫扑救,其中水溶性的有机溶剂火灾应用抗溶性泡沫扑救。

② 可燃气体火灾应用二氧化碳、干粉、卤代烷等灭火剂扑救。

③ 有毒气体、酸、碱液火灾可用雾状或开花水流扑救,酸液火灾用碱性水流、碱液火灾用酸性水流扑救更为有效。

④ 轻金属物质火灾不能用水扑救,也不能用二氧化碳、1211 等灭火剂扑救,一般采用专用的轻金属灭火剂（如 7150 灭火剂）进行扑救,也可用干粉和干沙土等覆盖窒息灭火。

（2）确定现场处置方案

危险化学品火灾的实际发生状况,往往与先期制定的灭火救援预案有一定的出入,使按预案进行灭火救援工作受到限制,给现场处置工作造成一定的困难,会影响灭火救援行动的迅速性。所以尽快确定好现场处置方案,是准备工作中的当务之急。

① 在火灾实际情况与预案相似的情况下,可按预案立即投入行动,偏差内容可边行动,边修订。这样可大大节约时间。

② 当火灾实际情况与方案差别较大时,可根据侦察情况,针对偏差内容的重点部分迅速进行修订,然后立即投入行动。

③ 一旦火灾实际情况与预案内容相去甚远,则火场指挥人员应根据侦察情况,针对关键环节,尽快做出切实可行的现场处置方案,然后按行动方案实施救援。

④ 如果对火灾现场的一般情况都不明了,则侦察时要认真,特别应注重安全方面的侦察,火场指挥人员根据情况,确定现场处置方案。这种方案主要应注重安全。

4. 火灾扑救注意事项

由于危险化学品火灾现场情况复杂,危险化学品本身及其燃烧产物大多具有较强的毒害性和腐蚀性,极易造成人员中毒、灼伤,因此,扑救危险化学品火灾时,除了做好扑救前的准备工作、掌握扑救过程中的方法措施,还应注意以下事项。

(1)非专业人员不应盲目灭火。危险化学品火灾的扑救一般应由专业队伍人员进行,其他非专业人员切不可盲目行动。火灾发生后,要及时撤离现场并马上报警,待专业队伍到达后,介绍现场的情况和物料介质的性质等,配合专业队伍进行扑救。

(2)灭火人员不应单独行动。危险化学品火灾危险性极大,在扑救过程中,随时可能有意想不到的情况发生,为了安全起见,参与危险化学品扑救的人员一定要密切配合,协同作战,针对每一类危险化学品,选择正确的灭火剂和灭火方法来安全地控制火势,切不可单独行动。

(3)灭火人员应积极采取自我保护措施。除了配备必要的防护服装和防护器材,进行现场灭火的人员要尽量利用现场的地形、地物作为掩体保护自己;另外,尽量采用卧姿或匍匐等低姿进行射水(或其他灭火剂)灭火。

(4)现场指挥人员一定要密切注意各种危险征兆。遇有火势熄灭后较长时间未能恢复稳定燃烧或受热辐射的容器安全阀火焰变亮耀眼、尖叫、晃动等爆裂征兆时,指挥人员必须作出准确判断,及时下达撤退命令。现场人员看到或听到事先规定的撤退信号后,应迅速撤退至安全地带。来不及撤退的灭火人员，应迅速就地卧倒，等待时机和救援。

（5）积极抢救受伤和被困人员。危险化学品火灾现场极易造成人员被困和伤亡，灭火除了进行必要的火灾控制，还要积极投入寻找和抢救被困人员的工作。如，迅速组织被困人员撤离疏散；将着火源周围的其他易燃易爆物品搬移至安全区域，远离灾区，避免扩大人员伤亡和受灾范围等。

（三）危险化学品爆炸事故现场处置

1. 爆炸事故扑救要点

由于爆炸事故都是瞬间发生，而且往往同时引发火灾，危险性、破坏性极大，给扑救带来很大困难。因此，在保证扑救人员安全的前提下，把握以下要点。

（1）采取一切可能的措施，全力制止再次爆炸。

（2）应迅速组织力量及时疏散火场周围的易爆、易燃品，使火区周边出现一个隔离带。

（3）切记用沙、土遮盖、压埋爆炸物品，以免增加爆炸时爆炸威力。

（4）灭火人员要利用现场的有利地形或采取卧姿行动，尽可能采取自我保护措施。

（5）如果发生再次爆炸征兆或危险时，指挥员应迅速作出正确判断，下达命令，组织人员撤退。

2. 扑救爆炸物品的基本方法

爆炸物品一般都有专门或临时的储存仓库。这类物品由于内部结构含有爆炸性基团，受摩擦、撞击、振动、高温等外界因素激发，极易发生爆炸，遇明火则更危险。遇爆炸物品火灾时，一般应采取以下基本对策。

（1）迅速判断和查明再次发生爆炸的可能性和危险性，紧紧抓住爆炸后和再次发生爆炸之前的有利时机。采取一切可能的措施，全力制止再次爆炸的发生。

（2）切忌用沙土盖压，以免增强爆炸物品爆炸时的威力。

（3）如果有疏散可能，人身安全上确有可靠保障，应迅即组织力量及时疏散着火区域周围的爆炸物品，使着火区周围形成一个隔离带。

（4）扑救爆炸物品堆垛时，水流应采用吊射，避免强力水流直接冲击堆垛，以免堆垛倒塌引起再次爆炸。

（5）灭火人员应尽量利用现场现成的掩蔽体或尽量采用卧姿等低姿射水，尽可能地采取自我保护措施。消防车辆不要停靠离爆炸物品太近的水源。

（6）灭火人员发现有发生再次爆炸的危险时，应立即向现场指挥报告，现场指挥应迅即作出准确判断，确有发生再次爆炸征兆或危险时，应立即下达撤退命令。灭火人员看到或听到撤退信号后，应迅速撤至安全地带，来不及撤退时，应就地卧倒。

（四）危险化学品环境污染事故现场处置

各种危险化学品事故发生期间，化学品能以固态、液态、气态的形式泄漏，造成环境污染。化学品的物质组成或状态以及泄漏方式决定环境受污染的程度。在事故发生后阻止污染的扩散，非常重要。环境污染事故现场须采取以下应急措施以阻止污染扩散：

（1）在通风管上安装一个高效的微粒过滤器来去除微粒。

（2）关闭通风口和排气管。

（3）把流出的污染物转移到一个储罐或池中。

（4）关闭楼层和围堤的排水管以防止污染进入下水道系统。

（5）充足的二次污染池使其具有储存足够量物料的能力。

（6）考虑用不渗透的涂料密闭污染区与附近清洁区域的水泥地面，以防止污染物转移或通过水泥渗透。

（7）对工艺设备、公共厕所和下水道系统进行检查，以确保所有入口和出口都完好。

（8）考虑天气对污染物扩散的影响。

（9）在新的污染区域安装临时的探测设备。

此外，环境污染事故发生之后，还应立即进行事故现场应急洗消，消除泄漏的危险化学品对环境的污染。

1. 陆地上危险化学品泄漏物的控制与处置

危险化学品由于各种原因造成大量泄漏,泄漏物会四处流淌,使表面积增加,燃爆危害、健康危害和环境危害危险性随之增大。所以,减小危险化学品泄漏次生灾害,需要对危险化学品的泄漏面积进行控制。事故处置中可以使用相应的方法处理泄漏物(参考泄漏事故的处理),残留在环境中的危险化学品可用消防水(加药剂)冲洗,冲洗水进行无毒化处理,防止次生灾害的发生。

2. 水中危险化学品的拦截与清除

危险化学品泄漏如果进入水环境,需要根据泄漏物的理化性质和水体情况进行修筑水坝、挖掘沟槽、设置表面水栅等方法拦截泄漏物。

修筑水坝是控制小河流上的水体泄漏物常用的拦截方法。挖掘沟槽是控制泄漏到水体的不溶性沉块常用的拦截方法。表面水栅可用来收容水体的不溶性漂浮物。

水环境中危险化学品拦截后,可以采用撇取法、抽取法、吸附法、固化法、中和法处置泄漏物。撇取法可清除水面上的液体漂浮物。抽取法可清除水中被限制住的固体和液体泄漏物。吸附法通过采用适当的吸附剂来吸附净化危险化学品,如用活性炭吸附苯、甲苯、汽油、煤油等。固化法通过加入能与泄漏物发生化学反应的固化剂(水泥、凝胶、石灰)或稳定剂使泄漏物转化成稳定形式,以便于处理、运输和处置。对于泄入水体的酸、碱或泄入水体后能生成酸、碱的物质,可用中和法处理。

3. 大气中危险化学品的处置

气体包括压缩气体和液化气体,这些有毒的释放物必须及时彻底地消除。压缩气体和液化气体在大气中形成的气团或烟雾,可以采用液体吸收净化法、吸附净化法等方法来处理,如用雾状水吸收 SO_2、H_2S 等水溶性的有毒气体,或用活性炭吸附 H_2S、Cl_2 等。

4. 危险化学品燃烧爆炸产物的处置

危险化学品燃烧爆炸的产物主要是二氧化碳、水和一些有毒的气体及烟尘。燃烧产生的气体物质可以采用液体吸收净化法、吸附净化法等方法来处理。烟尘可通过湿式除尘来净化,湿式除尘是用水或其他液体与含尘气体相互接触,分离捕集粉尘粒子的方法。通过对燃烧爆炸产物的净化,减少环境污染。

5.污水的处理

危险化学品突发事故用水量大,灭火用水、冷却水、稀释净化水等各种污水混合在一起,如控制不好进入城市给排水系统,进入江、河、湖、泊及海洋,会造成水环境污染。所以,在事故处置中必须合理用水,并通过修筑围堤、挖掘沟槽等手段使污水汇聚,再根据污水的成分采取物理、化学、生物的方法进行无毒化处理,避免造成环境污染。

6.常见危险化学品泄漏环境污染事故应急处置措施

(1)苯:切断火源,并尽可能切断泄漏源。防止流入下水道、排洪沟等限制性空间。小量泄漏时,用活性炭或其他不燃材料吸收;大量泄漏时,构筑围堤或挖坑收容,用泡沫覆盖以降低蒸气灾害,喷雾状水或泡沫冷却和稀释蒸气,用泵转移至槽车或专用收集器内,回收或运至废物处理场所处置。建议应急处理人员戴自给正压式呼吸器,穿防毒服。

(2)汽油:切断火源,并尽可能切断泄漏源。用工业覆盖层或吸附/吸收剂盖住泄漏点附近的下水道等地方,防止气体进入。小量泄漏时,可合理通风,加速扩散;大量泄漏时,喷雾状水稀释、溶解,并构筑围堤或挖坑收容废水,集中送污水处理厂处理。如有可能,将漏出气用排风机送至空旷地方或装设适当喷头烧掉。

(3)柴油:切断火源,并尽可能切断泄漏源。防止流入下水道、排洪沟等限制性空间。小量泄漏时,用活性炭或其他惰性材料吸收;大量泄漏时,构筑围堤或挖坑收容,用泵转移至槽车或专用收集器内,回收或运至废物处理场所处置。

(4)氨气:迅速撤离泄露污染区人员至上风向,并隔离直至气体散尽,应急处理人员戴正压自给式呼吸器,穿化学防护服(完全隔离)。处理钢瓶泄露时应使阀门处于顶部,并关闭阀门,无法关闭时,将钢瓶浸入水中。

(5)过氧化氢:操作人员应穿戴全身防护物品,对高浓度产品泄漏可用水冲泄。储槽中过氧化氢温度比外界升高 5 ℃时,可加入安定剂(磷酸)控制其分解;若升高 10 ℃以上,应将过氧化氢迅速泄出;若发现容器排气孔中冒出蒸气,所有人员应迅速撤离至安全地方,防止爆炸伤人。应防止泄漏物进入下水道、排洪沟等限制性空间。少量泄漏可用沙土或其他惰性材料吸收,也可用水冲洗,废水排入处理系统;大量泄漏应构筑围堤或挖坑收集,用泵转移至槽车内。

(6)乙醇:迅速撤离泄漏污染区人员至上风处,禁止无关人员进入污染区,切断火源。应急处理人员戴自给式呼吸器,穿一般消防防护服,在确保安全情况下堵漏。用沙土、干燥石灰混合,然后使用无火花工具收集运至废物处理场所。也可以用大量水冲洗,经稀释的洗水放入废水系统。如果大量泄漏,建围堤收容,然后收集、转移、回收或无害化处理后废弃。

(7)甲醇:迅速撤离泄漏污染区人员至上风处,禁止无关人员进入污染区,切断火源。应急处理人员戴自给式呼吸器,穿一般消防防护服。不要直接接触泄漏物,在确保安全情况下堵漏。喷水雾会减少蒸发,用沙土、干燥石灰混合,然后使用防爆工具收集运至废物处理场所。也可以用大量水冲洗,经稀释的洗水放入废水系统。如果大量泄漏,建围堤收容,然后收集、转移、回收或无害化处理后废弃。

(8)二甲苯:首先切断一切火源,戴好防毒面具和手套,用不燃性分散剂制成乳液刷洗,也可以用沙土吸收后安全处置。对污染地带进行通风,蒸发残余液体并排出蒸气,大面积泄漏周围应设雾状水幕抑爆,用水保持火场周围容器冷却。含二甲苯的废水可采用生物法、浓缩废水焚烧等方法处理。

(9)甲苯:首先应切断所有火源,戴好防毒面具和手套,用不燃性分散剂制成乳液刷洗,也可以用沙土吸收,倒到空旷地掩埋。对污染地带进行通风,蒸发残余液体并排出蒸气。含甲苯的废水可采用生物法、浓缩废水焚烧等方法处理。

(10)苯:迅速撤离泄漏污染区人员至安全区,禁止无关人员进入污染区,切断电源,应急处理人员戴防毒面具与手套,穿一般消防防护服,在确保安全情况下堵漏。可用雾状水扑灭小面积火灾,保持火场旁容器的冷却,驱散蒸气及溢出液体,但不能降低泄漏物在受限空间内的易燃性。用活性炭或其他惰性材料或沙土吸收,然后使用无火花工具收集运至废物处理场所。也可用不燃性分散剂制成乳液刷洗,经稀释后放入废水系统。或在保证安全的情况下就地焚烧。如大量泄漏,建围堤收容,然后收集、转移、回收或无害化处理。

(11)盐酸:迅速撤离污染区人员至安全区,应急处理人员戴自给正压式呼吸器,穿防酸碱工作服。少量泄漏时,用沙土、干燥石灰、苏打灰混合后,也可用水冲洗后排入废水处理系统。大量泄漏,应构筑围堤或挖坑收集,用泵转移至槽车内,残余物回收运至废物处理场所安全处置。

(12)硝酸:撤离危险区域,应急处理人员戴自给正压式呼吸器,穿防酸碱工作服;切断泄漏源,防止进入下水道。少量泄漏时,可将泄漏液收集在密闭容器中或用沙土、干燥石灰、苏打灰混合后回收,回收物应安全处置。大量泄漏,应构筑围堤或挖坑收集,用泵转移至槽车内,残余物回收运至废物处理场所安全处置。

(13)硫酸:撤离危险区域,应急处理人员戴自给正压式呼吸器,穿防酸碱工作服;切断泄漏源,防止进入下水道。可将泄漏液收集在密闭容器中或用沙土、干燥石灰混合后回收,回收物应安全处置,可加入片碱-消石灰溶液中和;大量泄漏应构筑围堤或挖坑收集,用泵转移至槽车内,残余物回收运至废物处理场所安全处置。

(14)氢氧化钠:迅速撤离泄漏污染区,限制出入;应急处理人员戴自给正压式呼吸器,穿防酸碱工作服。泄漏处理中避免扬尘,尽量收集,也可用水冲洗,废水流入处理系统;液碱泄漏应构筑围堤或挖坑收集,用泵转移至槽车内,残余物回收运至废物处理场所安全处置。

(15)氰化钠:隔离泄漏污染区,周围设置标志,防止扩散。应急处理人员戴自给正压式呼吸器,穿化学防护服(完全隔离)。不要直接接触泄漏物,避免扬尘,小心扫起,移至大量水中处理。如大量泄漏,应覆盖,减少飞散,然后收集、回收、无害化处理。泄漏在河流中应立即围堤筑坝防止污染扩散。处理一般采用碱性氯化法,加碱使水处于碱性,再加过量次氯酸钠、液氯或漂白粉处理。

(16)氯气:迅速撤离泄漏污染区人员至上风向,并隔离直至气体散尽;应急处理人员戴自给正压式呼吸器,穿化学防护服(完全隔离);避免与乙炔、松节油、乙醚等物质接触;合理通风,切断气源,喷雾状水稀释、溶解,抽排(室内)或强力通风(室外);如有可能,用管道将泄漏物导入还原剂(硫酸氢钠或碳酸氢钠)溶液;或将残余气或漏出气用排风机送至水洗塔或与塔相连的通风橱内;也可以将漏气钢瓶置于石灰乳液中;漏气容器不能再使用,且要经过技术处理以清除可能剩余的气体。

第八节　现场监测

危险化学品事故现场监测是危险化学品事故现场处置的首要环节,及时准确地查明事故的规模,事态的发展趋向、伤亡情况,危险物质的种类和浓度及扩散状况,食物、水源、环境卫生污染等事故现场的情况是有效处置危险化学品事故的前提条件。尤其是准确及时地查清危险化学物质的种类、浓度及其分布,弄清事故规模及事态发展方向等事故现场情况,才能有效地对危险化学品事故进行处置。

一、现场监测方法及仪器

(一)感官检测法

感官检测法是最简易的监测方法,即根据各种危险化学品的物理性质,通过受过训练人员的嗅觉、视觉等感觉器官,如鼻、眼、口、皮肤等人体器官察觉危险化学品的颜色、气味、状态和刺激性,进而初步确定危险化学品种类的一种方法。对危险化学品事故的现场实施侦检时,进行必要的主观判断有利于克服侦检的盲目性,便于选用正确的侦检方法和器材。感官检测法有以下几种途径。

1.根据盛装危险化学品容器的漆色和标识进行判断

盛装危险化学品的容器或气瓶,一般要求涂有专门的漆色并写有物质名称字样及其字样颜色标识。常见的有毒危险气体气瓶的漆色和字样颜色如表 4-9 所示。

表 4-9 常见有毒气体气瓶漆色和字样

气瓶名称	气瓶漆色	字样(颜色)	化学式
氨	黄	液氨(黑)	NH_3
氯	草绿	液氯(白)	Cl_2
硫化氢	白	液化硫化氢(红)	H_2S
碳酰二氯(光气)	白	液化光气(黑)	$COCl_2$
氯化氢	灰	液化氯化氢(黑)	HCl
氟化氢	灰	液化氟化氢(黑)	HF
三氟化硼	灰	三氟化硼(黑)	BF_3
溴甲烷	灰	液化溴甲烷(黑)	CH_3Br

2. 根据危险化学品的物理性质进行判断

危险化学品的物理性质包括气味、颜色、沸点等。不同危险化学品的物理性质不同,在事故现场的表现也有所不同。比如,危险化学品中的有毒气体多具有特殊气味,在其泄漏扩散区域内都可能嗅到其气味,如氰化物具有杏仁味,二氧化硫具有特殊的刺鼻味,氯气为黄绿色有异臭味的强烈刺激性气体;氨气为无色有强烈臭味的刺激性气体,燃烧时火焰稍带绿色;硫化氢为无色有臭鸡蛋气味的气体,浓度达到 1.5 mg/m³ 时就可以用嗅觉辨出,浓度为 3000 mg/m³ 时由于嗅觉神经麻痹,反而嗅不出来。再如,沸点低、挥发性强的物质,如光气、氯化氰等泄漏后迅速汽化,在地面无明显的霜状物;而沸点低、蒸发潜热大的物质,如氢氰酸、液化石油气泄漏的地面上则有明显的白霜状物。

许多化学物质的形态、颜色相同,无法区别,所以单靠感官检测是不够的,并且对于剧毒物质也不能用感官方法检测,因此只能根据危险化学品的物理性质对事故现场进行初步的判断。常见的某些危险化学品的可嗅浓度如表 4-10 所示。

表 4-10　某些危险化学品的可嗅浓度

种类	气味	可嗅浓度(mg/m³)
氨气	刺激性恶臭味	0.7
氯气	刺激味	0.06
芥子气	大蒜味	1.3
路易氏剂	天竺葵味	1.0
氢氰酸	苦杏仁味	1.0
光气	烂干草味	4.4
氯化氰	刺激味	2.5
沙林或梭曼	有微弱的水果香味或樟脑味	5.0

3.根据人或动物中毒的症状进行判断

通过观察危险化学品引起人员和动物中毒症状或死亡,以及引起植物的花、叶颜色变化和枯萎的方法,初步判断危险化学品的种类。危险化学品的毒害作用不同,人或动物的中毒症状有所差异。例如,中毒者呼吸有苦杏仁味、皮肤黏膜鲜红、瞳孔散大,为全身中毒性毒物;中毒者开始有刺激感、咳嗽,经 2~8 h 后咳嗽加重、吐红色泡痰,为光气;中毒者的眼睛和呼吸道的刺激强烈、流泪、打喷嚏、流鼻涕,为刺激性毒物等。

(二)动植物检测法

动物检测法是利用动物的嗅觉或敏感性来检测有毒有害化学物质,如狗的嗅觉特别灵敏,国外利用狗侦查毒品已很普遍。美军曾训练狗来侦检化学毒剂,使其嗅觉可检出六种化学毒剂,当狗闻到微量化学毒剂时即发出不同的吠声,其检出最低浓度为 0.5~1.0 mg/L。还有一些鸟类对有毒有害气体特别敏感,如在农药厂的生产车间里养一种金丝鸟或雏鸡,当有微量化学物质泄漏时,动物就会立即有不安的表现,甚至挣扎死亡。

检测植物表皮的损伤也是一种简易的检测方法,现已逐渐被人们所重视。有些植物对某些有毒气体很敏感,如人能闻到二氧化硫气味的浓度为 1~5 mg/m³,在感到明显刺激,如引起咳嗽、流泪等时,其浓度为 $10 \sim 20$ mg/m^3,而有些敏感植物在 $0.3 \sim 0.5$ mg/m^3 时,在叶片上就会出现肉眼能见的伤斑。再如氢氟酸污染叶片后,其伤斑呈环带状,分布于叶片的尖端和边缘,并逐渐向内发展。利用植物这种特有的"症状",可为事故现场危险化学品的检测提供旁证。

(三)便携式检测仪侦检法

根据危险化学品事故现场侦检的准确、快速、灵敏和简便的要求,现场使用的侦检仪器也应具备便携性、可靠性、选择性和灵敏性、测量范围宽和安全性等特点。

便携性即轻便、防震、防冲击、耐候性;可靠性即响应时间短、能迅速读出测量数据、测量数据稳定;选择性和灵敏性即抗干扰能力强,能识别所测物质;测量范围宽和安全性即仪器内部能防止各种不安全因素,如外在电压、火焰、热源所引起的电火花等。目前,比较常用的便携式检测仪有智能型水质分析仪和有毒气体检测仪等。

1.智能型水质分析仪

智能型水质分析仪主要用于定量分析水中氰化物、甲醛、硫酸盐、氟、苯酚、二甲苯酚、硝酸盐、磷、氯、铅等共计 23 种有毒有害物质。

工作原理:根据检测的水样,选用一种特殊催化剂并加入,使水样中被测的毒物发生化学变色反应,然后利用光谱分析仪的偏光原理进行分析和鉴定。

组成:仪器的主要组成部分包括光谱分析仪主机、特定元素催化剂、加热器和 4 种规格特殊试管。分析仪可同计算机连接,通过打印机打印出分析结果。

注意事项:在使用时置于平面,避免强光照射,远离热源,环境不得有烟尘。

2.有毒气体检测仪

有毒气体检测仪类型众多,有检测单一品种气体的检测仪,如一氧化碳检测仪、氨气检测仪等;也有同时检测多种气体的多功能气体检测仪,如奥德姆 MX21 智能型多种气体检测仪。

奥德姆 MX21 检测仪,可同时检测四类气体的浓度,且根据设定的危险值进行报警。可检测的四类气体为可燃气(甲烷、煤气、丙烷、丁烷等 31 种)、毒气(一氧化碳、硫化氢、氯化氢等)、氧气和有机挥发性气体。

(四)化学侦检法

利用化学品与化学试剂反应后,生成不同颜色、沉淀、荧光或产生电位变化进行侦检的方法称为化学侦检法。用于侦检的化学反应有亲核反应、亲电反应、氧化还原反应、催化反应、分解反应和配位反应等,利用化学侦检法的原理,可以制成各种侦检器材,例如侦检管和侦检纸。

1. 侦检管

侦检管是一种检测化学品事故现场中可燃气体和毒性气体浓度的检测仪,由检测管(或检气管)和采样器两部分组成。侦检管按测定方法可分为比长型侦检管和比色型侦检管。在已知危险化学品种类的条件下,利用侦检管可在 1～2 min 内,根据检测管颜色的变化确定是否存在被测物质,根据检测管色变的长度或程度测出被测物质的浓度。

(1)检测管

检测管是一种充填显色指示粉的细玻璃管,管内的指示粉用吸附了化学试剂的载体制成,常用的载体有硅胶、素瓷粉、氧化铝、石英砂、玻璃粉等,所用的化学试剂称为检测剂或指示剂,其能与被测气体进行定量的化学反应,并能在反应前后产生颜色变化。检测管的制作要求是指示粉和被测物质在动态条件能迅速反应,并伴随明显的颜色变化,指示粉的变色柱长度或色度深浅跟被测物质的浓度成正比,与其他分析方法相比,测定结果应一致。

比色型检测管的工作原理是当被测物质通过检测管时,检测剂和被测物质发生定量化学反应并变色,由于检测管直径是固定的,因此色变长度和被测物质的浓度呈正比线性关系。通过标准物质在不同浓度下标定的色变长度,绘制标准曲线,然后根据检测管表面刻有的刻度,显示出指示粉的变色长度,从而直接读出被测物质的浓度。对于比色型检测管,其检测是根据变色的程度或深浅与被测物质浓度呈某种对应关系,制成标准比色板作为比对分析的参照,测定被测物质的浓度。在实际使用时,要注意温度、湿度以及干扰物质的影响。

(2)采样器

检测管和采样器是管式气体检测仪的两个不可分离的组成部分。采样器能为检测管提供定量准确、流速可控的气样,以保证检测方法良好的重复性。常用的采样器有如下几种。

① 注射器:100 mL 医用玻璃注射器可与部分检测管配套使用。它具有刻度准确、易购置、便宜等优点,但具有现场使用不便、易破损等缺点。

② 采样筒:采样筒也称气筒式采样器,可手动操作,是检测管专用的采样器。它的一个冲程一般可采气样 100 mL。当一个冲程气样不够用时,可多次往复取样。它具有操作简单、计量准确、便于携带、构造简单的特点,已被广泛应用。

③ 手压气泵式采样器:手压气泵式采样器的气室由橡胶制成,泵内有弹簧及限位装置,在压缩气室放松后自动吸入气体,气泵内有单向阀,可供往复取气排气用,每冲程为 100 mL。

④ 采样管:采样管可用于现场采集有毒气样,送实验室进行分析。它的管内填充了能起吸附作用的多孔性物质,主要是硅胶和活性炭。

常用的危险化学品侦检管见表 4-11。

2. 侦检纸

侦检纸是用化学试剂处理过的滤纸、合成纤维或其他合成材料压成的纸样薄片,是一种化学试纸。目前已有的侦检纸可对多种有害化学物质进行定性和半定量测定。其侦检原理是利用危险化学品与显色试剂的特征化学反应使侦检纸发生颜色变化,或化学品对染料的特征溶解作用使侦检纸出现色斑来确定化学品的种类。

表 4-11　常用的危险化学品侦检管

检气管	颜色变化	所用试剂	类型
一氧化碳	黄→绿→蓝	硫酸钯、硫酸铵、硫酸、硅胶	比色型
二氧化碳	蓝→白	百里酚蓝、氢氧化钠、氧化铬	比长型
二氧化硫	棕黄→红	亚硝基铁氰化钠、氯化锌、乌洛托品、素陶瓷	比长型
硫化氢	白→褐	醋酸铅、氯化钡、素陶瓷	比长型
氯	黄→红	荧光素、溴化钾、碳酸钾、氢氧化钠、硅胶	比长型
氨	红→黄	百里酚蓝、硫酸、硅胶	比长型
氧化氮	白→绿	联邻甲苯胺、硫酸铜、硅胶	比长型
磷化氢	白→黑	硝酸银、硅胶	比长型
氰化氢	白→蓝绿	联邻甲苯胺、硫酸铜、硅胶	比长型
丙烯腈	白→蓝	联邻甲苯胺、硫酸铜、硅胶	比长型
苯	白→紫褐	发烟硫酸、多聚甲醛、硅胶	比长型

　　侦检纸可分为蒸气侦检纸和液滴侦检纸。蒸气侦检纸用于侦检蒸气状和气溶胶状的物质,包括侦检氢氰酸、氯化氰、光气等的侦检纸;液滴侦检纸用于侦检地面、物体表面等处的液滴状物质,可侦检沙林、维埃克斯、梭曼和芥子气等毒剂。

　　侦检纸检测法的优点是携带和使用较为方便,可作为有害有毒化学品定性分析的辅助手段;缺点是干扰多、精度较低,侦检纸不宜久存、易失效。侦检纸检测气体时,其变色时间和着色强度与气体浓度有关,表 4-12 列出了常见的化学毒害气体侦检纸所用的显色剂及颜色变化。

表 4-12　常见的化学毒害气体侦检纸简明表

被测物	显色剂	颜色变化
一氧化碳	氯化钯	白→黑
二氧化硫	亚硝酰铁氰化钠＋硫酸锌	浅玫瑰色→砖红色
二氧化氮	邻甲联苯胺	白→黄
二氧化碳	碘酸钾＋淀粉	白→紫蓝
二氧化氮	邻甲联苯胺	白→黄
二硫化碳	哌啶＋硫酸铜	白→褐

二、现场侦检的实施

为了准确和迅速地测出现场危险化学品的浓度及其分布,侦检小组人员在做好个人安全防护的前提下,应掌握以下几点内容。

(一)选择采样和检测点

危险化学品事故发生后,泄漏的化学物质分布极不均匀,时空变化大,对周围环境、人员等环境要素的污染程度各不相同,因此,应急监测时采样和检测点的选择对于准确判断污染物的浓度分布、污染范围与程度等极为重要。

采样和检测点选择的基本要求是染毒浓度高、密度大、检测干扰小。在选择采样和检测点时应考虑以下因素:

(1)事故的类型(泄漏、爆炸、火灾等)、严重程度与影响范围;

(2)事故发生的地点(如是否为饮用水源地、水产养殖区等敏感水域)与人口分布情况(是否在市区等);

(3)事故发生时的天气情况,尤其是风向、风速及其变化情况。

(二)现场侦检的实施方法

污染物进入周围环境后,随着稀释、扩散、降解和沉降等自然作用以及应急处理处置后,其浓度会逐渐降低。为了掌握事故发生后的污染程度、范围及变化趋势,需要实时进行连续的跟踪监测,原则上主要根据现场污染状况确定采样频率和次数。

各侦检小组至少应由 3 人组成,其中 2 人负责检测浓度,1 人随后记录和标志。其行进队形可根据现场地形特点,采用后三角(前 2 人后 1 人)形式向前推进。在较大的场地条件下,担任检测的 2 名队员,间隔应在 50 m 以内,便于相互呼应。负责设置标志的队员(通常由组长担任)紧跟其后。

当危险化学品浓度超过最高容许浓度(或预定吸入反应区边界浓度)时,开始放置标志,由这些标志物构成的一线,即为吸入反应区边界。然后,继续推进,边前进边侦检,直至测得轻度区边界浓度时,再进行标志,为轻度危险区边界。依此类推,直至标出重度危险区边界。

用来划分和标出危险区域边界的标志物,应具有醒目、易于放置、便于携带等特点。对于城市建筑物林立、车辆人流繁杂环境,可用长 10 m、宽 2 cm 的有色塑料标志带和带有可拆卸底座的三角旗作标志物,根据当时的地形地物,灵活放置。对不同危险区边界标志物的颜色应有明确区分,例如重度区边界的标志物为红色,中度区边界的标志物为黄色,轻度区边界的标志物为白色。

由于现场测得的是危险化学品的瞬间浓度。随着气体或挥发性液体的扩散和大气气象条件的变化,化学品的浓度不断变化,因此在测得各危险区边界后应派 1～2 名侦检人员,监视危险区边界变化,随时根据变化情况重新标志,增大或减小现场的危险区域范围,并及时向上级报告。

三、现场危险区域的确定

根据事故现场侦检情况,考虑危险化学品对人体的伤害程度,一般将危险化学品事故现场危险区域分为重度区、中度区、轻度区和吸入反应区四个区域,各危险区域边界浓度应根据危险化学品对人体的急性毒性数据,适当考虑爆炸极限和防护器材等其他因素综合确定。常见危险化学品的危险区域及边界浓度如表 4-13 所示。

表 4-13　常见危险化学品的危险区域及边界浓度

名称	车间最高容许浓度(mg/m^3)	轻度区边界浓度(mg/m^3)	中度区边界浓度(mg/m^3)	重度区边界浓度(mg/m^3)
一氧化碳	30	60	120	500
氯气	1	3～9	90	300
氨	30	80	300	1 000
硫化氢	10	70	300	700
氰化氢	0.3	10	50	150
光气	0.5	4	30	100
二氧化硫	15	30	100	600
氯化氢	15	30～40	150	800
氯乙烯	30	1 000	10 000	50 000
苯	40	200	3 000	20 000
二硫化碳	10	1 000	3 000	12 000
甲醛	3	4～5	20	100
汽油	350	1 000	4 000	10 000

1. 重度区及边界浓度

重度区为半致死区,由某种危险化学品对人体的 LD_{50}(半致死剂量)确定,一般指化学品事故危险源到 LC_{50}(半致死浓度)等浓度曲线边界的区域范围,小则下风向几十米,大则上百米的范围。该区域危险化学品蒸气的体积百分比浓度高于 1‰,地面可能有液体流淌,氧气含量较低。人员如无防护并未及时逃离,半数左右人员有严重的中毒症状,不经紧急救治 30 min 内有生命危险,只有少数佩戴氧气面具或隔绝式面具,并穿着防毒衣的人员才能进入该区。

2. 中度区及边界浓度

中度区为半失能区,由某种危险化学品对人体的 ID_{50}(半失能剂量)确定,一般指 LC_{50} 等浓度曲线到 IC_{50}(半失能浓度)等浓度曲线的区域范围。该区域中毒人员比较集中,多数都有不同程度的中毒,是应急救援队伍重点救人的主要区域。该区域人员有较严重的中毒症状,但经及时治疗,一般无生命危险;救援人员戴过滤式防毒面具,不穿防毒衣能活动 2～3 h。

3. 轻度区及边界浓度

轻度区为中毒区,由某种危险化学品对人体的 TD_{50}(半中毒剂量)确定,一般指 IC_{50} 等浓度曲线到 TC_{50}(半中毒浓度)等浓度曲线的区域范围。该区域人员有轻度中毒或吸入反应症状,脱离污染环境后经门诊治疗基本能自行康复。人员可利用简易防护器材进行防护,关键是根据毒物的种类选择防毒口罩。

4. 吸入反应区及边界浓度

吸入反应区指 TC_{50} 等浓度曲线到稍高于车间最高容许浓度的区域范围。该区域内一部分人员有吸入反应症状或轻度刺激,在其中活动能耐受较长时间,一般在脱离染毒环境后 24 h 内恢复正常,救援人员可对群众只作原则指导。

第九节　洗　消

危险化学品事故发生后,燃烧和泄漏的有毒、有害化学品不仅造成空气、地面、水源的污染,还可能导致周围的建/构筑物、群众、动植物以及救援人员和器材装备的污染。因此,在化学品火灾、爆炸或泄漏事故基本得到有效处置后,应对事故现场残余有毒有害化学品开展洗消工作,使毒物的污染程度降低或消除到可以接受的安全水平,从而最大限度地降低事故现场的人员伤亡、财产损失和毒物对环境的污染。洗消是化学事故现场处置中一项必不可少的环节和任务,它直接关系到化学事故应急救援的成败。

化学品灾害事故洗消处置是指对沾染化学有毒、有害物质的人员、器材装备、地面、环境等进行消毒和清除沾染的技术过程。洗消处置,作为应急救援处置过程中的一个必不可少的内容,正确、快速选择合理、有效的洗消剂和洗消手段,是消除和降低毒物污染的重要保证。

一、洗消原则及等级

(一)洗消原则

洗消是被迫采取的一种措施,不可能"积极主动",做到面面俱到。洗消内容越多,所需的人力、物力、财力等资源也越多,所以,在洗消过程中既要做到快速有效的消毒和消除污染,保证救援人员的生命安全,维护救援力量的战斗能力,又要做到节约资源。要做到以上几点须遵守以下四个原则。

1. 尽快实施洗消

这是由沾染毒物的毒性等理化性质所决定的,由于有些毒物对人员造成伤害很大,如沾染危险化学品浓硫酸、毒剂(物)、放射性物质、炭疽病毒等之后,能迅速致伤、致残、致死,因此人员一旦沾染有毒物质必须尽快进行洗消。另外,尽快洗消还可限制沾染的渗透和扩散,提高后期救援的可靠性。

2. 实施必要洗消

洗消是为了生存和保证救援任务的顺利完成,而不是制造一个没有沾染有毒物质的绝对安全环境。由于后勤保障、地理环境等的限制,对洗消的范围不能随意扩大,而且由于救援现场客观环境要求的关系和资源的有限,只能对那些继续履行救援职责来说更为必要的器材装备、地面才进行洗消。

3. 靠近前方洗消

主要是为了控制沾染面积的扩散,如果洗消点设置位置靠后,受染器材装备、人员洗消时必然后撤,造成污染面积的扩散。同时洗消位置适当靠前,可以使救援装备和人员减少防护装备不必要防护时间的浪费,以利于救援任务的执行。

4. 按优先等级洗消

对受染更为严重、有重大威胁和有生命危险的优先洗消,而威胁小的则可以后洗消;针对执行救援任务中重要的、急需转移二次救援的器材装备优先洗消,对一般性的器材装备可押后洗消。

(二)洗消等级

洗消的目的是保障生存、维持和恢复救援能力。与此相对应,洗消可分为局部洗消和完全洗消两个等级。

1. 局部洗消

局部洗消是以保障生存、完成救援任务为目的所采取的应急措施。局部洗消的目的十分明确,即对于生存和完成救援作业有关的进行局部洗消,通常应急救援局部洗消是受染人员在应急救援过程中身体意外受染或处置人员长时间作业换岗情况下而采取的措施,如救援人员救援过程中手臂意外沾染浓硫酸,必须立即用干抹布擦拭,然后选用敌腐特灵或其他洗消剂进一步洗消沾染部位。

2. 完全洗消

完全洗消也称"彻底洗消",是以恢复救援能力,重新建立正常的生存、执勤战斗条件为目的所采取的洗消,包括对人员、场地、器材装备等的彻底洗消。完全洗消后,人员可以解除防护,但要对参与救援的人员进行适当检测和观察,确定有无中毒症状。

二、洗消方法

在化学事故应急处置中,在明确有毒有害物质的理化性质、洗消剂类型的情况下,采取正确、合理的洗消方法对洗消工作的展开、洗消最终效果有着至关重要的作用。

1.洗消方法的分类

通常情况下,洗消方法分为物理洗消和化学洗消两种类型。

（1）物理洗消法

此法主要有 3 种方式:①吸附,即利用吸附性能强的物质(如消防专用吸附垫、活性炭等)通过化学吸附或物理吸附的方式,吸附沾染有毒物质表面或过滤空气、水中的有毒物,亦可用棉花、纱布等吸去人体皮肤上的可见有毒物液滴,如在苯、油类等液体危险化学品泄漏事故中,在对地面残留液体的洗消时可用消防专用吸附垫、活性炭进行吸附洗消。②溶洗,即用棉花、纱布等吸附汽油、酒精、煤油等有机溶剂,将染毒物表面的毒物与有机溶剂溶解擦洗掉。③机械转移,即利用切除、铲除或覆盖等机械(如工兵铲、铲车、推土机等),将毒物移走或掩埋的方法,使人员不与染毒的物品、设施直接接触,但在掩埋的时候必须添加大量的漂白粉、生石灰拌匀。物理洗消法的优点是处置便利,容易实施。

（2）化学洗消法

化学洗消法的原理是利用洗消剂与有毒物质直接发生化学反应,生成无毒或低毒的产物。它具有洗消效果好、对环境污染小、能有效防止二次污染等优点。但在实施化学洗消过程中一般需要借助器材装备,消耗大量的洗消剂,洗消成本较高,通常情况下可采取物理洗消和化学洗消同步展开,提高洗消效率。化学洗消主要的方法有酸碱中和反应法、氧化氯化还原反应法、催化反应法、络合反应法以及燃烧法。

2.洗消方法的选择

洗消方法的选择应满足洗消速度快、洗消效果好、洗消费用低、洗消剂不会造成人员伤害等基本要求。

物理洗消法和化学洗消法各有其特点和适用条件的限制,可能是顺次进行,也可能是同时进行的。要根据化学事故现场毒物的种类、性质、泄漏量,以及被污染的对象及范围等因素全面考虑,合理选择,使这些方法的综合运用产生更加显著的效果。

三、洗消剂

在现实生活中能够与有毒、有害化学毒剂发生理化反应的物质很多,但并不表示所有可以发生理化反应的物质就能成为洗消剂,洗消剂的选择应当满足"高效、低成本、低腐蚀、无污染、稳定、易携带、对环境要求低"等要求。

作为实施洗消的根本因素和核心工艺,洗消剂的选定直接决定了人员、设备和场地洗消效果。由于受危险化学品灾害事故中灾害类型不同、毒害物质的毒害机理不同、救援人员施救手段不同等未知因素的影响,我们在选择洗消剂时要充分考虑各种可能发生的情况,在洗消剂选择时,针对有毒、有害物质理化性质,在满足上述要求的基础上尽量选择通用性强的洗消剂和洗消方法,来弥补器材装备的不足,提高洗消效果。

1. 洗涤、吸附型洗消剂

洗涤型洗消剂主要成分是表面活性剂,根据活性基团的不同,分为阳离子和阴离子活性剂,具有良好的湿润性、渗透性、乳化性和增溶性。例如,肥皂水、洗衣粉、洗涤液等,成本低廉且能有效去除附着在物体表面的污染物液滴或微小颗粒。但洗消过程中会产生大量的洗消废液,如果处理不当会使毒剂发生渗透和扩散,造成更大范围的污染。吸附型洗消剂主要利用洗消剂的吸附机理达到洗消作用,主要分为物理吸附和化学吸附,如:活性炭、吸附垫等。

2. 酸碱中和型洗消剂

酸碱性物质是最常见的污染物种类之一,对于该类物质的洗消主要利用酸碱中和的原理,它是酸和碱互相交换成分,生成稳定无毒盐和水的反应,是处理现场泄漏的强酸(碱)或具有酸(碱)性毒物较为有效的方法。实质是 $H^+ + OH^- \rightarrow H_2O$。

当有大量强酸泄漏时,可用碱液来中和,如使用氢氧化钠水溶液、石灰水、氨水等进行洗消;反之当大量的碱性物质发生泄漏时,采用酸与之中和,如稀硫酸、稀盐酸等。另外,对于某些物质,如二氧化硫、硫化氢、光气等,本身虽不具有酸碱性,但溶于水或与水反应后的生成物为酸碱性,亦可使用此类洗消剂。值得一提的是,无论是酸性物质泄漏还是碱性物质泄漏,必须控制好中和洗消剂的中和剂量,防止中和剂过量,造成二次污染,另外在洗消过程中应注意适时通风,洗消完毕后对洗消场地、设施必须采用大量清水进行冲洗。常见毒物及其中和剂见表 4-14。

表 4-14　常见毒物及其中和剂

毒气名称	中和剂
氨气	水、弱酸性溶液
氯气	消石灰及其水溶液,苏打等碱性溶液或氨水(10%)
一氧化碳	苏打等碱性溶液
氯化氢	水、苏打等碱性溶液
光气	苏打、氨水、氢氧化钙等碱性溶液
氯甲烷	氨水
液化石油气	大量的水
氰化氢	苏打等碱性溶液
硫化氢	苏打等碱性溶液
氟	水

3.氧化氯化型洗消剂

许多有毒物质的毒性主要由其所含毒性基团的性质决定。常见的有硫化氢、磷化氢、硫磷类农药、硫醇以及含有硫磷基团的某些军事毒剂。如塔崩、沙林、VX 毒剂等,都属于含磷硫等低价态毒性基团的化学毒物。对于此类物质,可采用强氧化氯化洗消剂将低价元素迅速氧化成高价态,从而降低或消除毒性,一般选用经济性较好的含有效氯化合物做洗消剂,如三合二 $3Ca(ClO)_2 \cdot 2Ca(OH)_2$、过氧乙酸、双氧水、漂白粉、氯胺等。日常情况中常发生氯气泄漏事故,氯气在水的作用下自身能发生氧化还原反应,生成 HCl 和次氯酸,再利用中和洗消剂 $Ca(OH)_2$ 反应生成 $CaCl_2$ 和 H_2O,达到洗消目的。

$$Cl_2 + H_2O \longrightarrow HCl + HClO$$
$$2HCl + Ca(OH)_2 \longrightarrow CaCl_2 + 2H_2O$$
$$2HClO + Ca(OH)_2 \longrightarrow Ca(ClO)_2 + 2H_2O$$

在使用的时候,将消毒活性成分制成乳液、微乳液或微乳胶,可以降低次氯酸盐类消毒剂的腐蚀性,且因乳状体黏性较单纯的水溶液大,可在洗消表面上滞留较长时间,从而减少了消毒剂的用量,提高了洗消效率。

4. 催化反应型洗消剂

某些化学污染物本身并不活泼,与洗消剂的反应需要在特定的温度、pH 值等环境因素下进行,导致毒物化学反应速度较慢,时间较长,不符合现场洗消的应急要求,因此可以加入相应催化剂如氨水、醇氨溶液等,加快水解、氧化、光化等反应速度,但这并不是中和反应而是催化反应。例如,光气微溶于水,并缓慢发生水解:

$$COCl_2 + H_2O \longrightarrow CO_2 + 2HCl$$

当加入氨气或氨水后可迅速反应生成无毒的产物脲和氯化铵从而达到消毒的目的:

$$4NH_3 + COCl_2 \longrightarrow CO(NH_2)_2 + 2NH_4Cl$$

$$CO(NH_2)_2 + NH_4Cl + H_2O \longrightarrow CO_2 + HCl + 3NH_3$$

催化剂作为一种洗消剂,优点是需要量很少,而且反应速率快,普遍成本比较低,是一种很有应用前景的洗消剂。

值得一提的是,催化洗消剂在洗消过程中,其实既可以作为辅助洗消剂使用,也可单独作为主洗消剂使用,例如 G 类军事毒剂中含有类似酰卤结构,可直接使用氨水作为洗消剂向空气中喷洒来进行洗消。

5. 络合反应型洗消剂

络合洗消剂是利用硝酸银试剂、含氰化银的活性炭等络合剂与有毒物质快速发生络合反应,将有毒分子化学吸附在络合载体上使其丧失毒性。主要用于氰化氢、氰化盐等污染物的洗消,如氰化钠能与亚铁盐发生化学反应,生成稳定的络合物:

$$6NaCN + FeSO_4 \longrightarrow Na_4[Fe(CN)_6] \downarrow + Na_2SO_4$$

在反应中,氢氰根与亚铁离子作用,生成亚铁氰根络离子,络合物亚铁氰化钠是无毒的。在碱性溶液中,亚铁氰根离子能与三价铁盐发生化学反应,生成深蓝色的普鲁士蓝沉淀:

$$3[Fe(CN)_6]^{4-} + 4Fe^{3+} \longrightarrow Fe_4[Fe(CN)_6]_3 \downarrow$$

目前消防洗消装备中敌腐特灵就是一种利用了络合反应等原理

的高效、广谱、无腐蚀、无污染的洗消剂。

6. 生物酶洗消剂

生物酶洗消剂是利用生物发酵培养得到的一种高效水解酶,其主要原理是利用降解酶的生物活性快速高效地切断磷脂键使不溶于水的毒剂大分子降解为无毒且可以溶于水的小分子,从而达到使染毒部位迅速脱毒的目的,并且降解后的溶液是无毒的,不会造成二次污染。如"比亚酶"亦称"比亚有机磷降解酶",是目前洗消装备中一款生物降解酶。生物酶洗消剂其优点是,洗消需求量少,洗消速率快,且生成物无毒,不会造成环境二次污染,但缺点是生物酶洗消剂成本较高,主要针对含硫磷等有机毒剂如农药。

四、洗消装备

在化学事故现场对染毒对象实施洗消时,一般采用大量清洁的水或加温后的热水,如果化学毒物的毒性大,应根据毒物的性质选择相应的洗消剂,通过洗消装备实施洗消。

洗消装备是实施机动洗消的主要设备,常用的主要有防化洗消车、喷洒车、消防车、燃气射流车等。实施洗消时,可直接将粉状洗消剂或洗消剂溶液加入干粉消防车或洒水车中,对污染的人员、污染区域、染毒的地面等洗消。

防化洗消车的工作程序一般为展开、投入使用和结束洗消。

展开包括选择停车展开地点、架设洗消流水线。洗消车驶抵事故现场后,必须依据当时的气候状况,根据地形、地势,选择合理的停车位置,该位置应位于危险区域与安全区域连接地带之间;架设洗消流水线包括打开车体卷帘门、启动车载发电机组、设置警戒标志划分洗消区域、铺设供电、供水管线、操作液压折叠升降平台将车载设备移至地面、设置洗消帐篷、连接供水泵、均混器、洗消水加热器、污水回收泵、铺设水带、向帐篷充气等。

投入使用包括广播洗消注意事项、开启洗消流水线向喷淋间供水,对受污染的人员进行洗消前的检测、组织人员更衣、喷淋、检测、更衣;伤员洗消完毕后,更换病号服,转送医院。

在洗消工作完成以后,关闭洗消流水线,收集、整理清洁水流管道及不受污染的设备,擦拭干净装车;对污水的管线、设备以及洗消帐篷进行集中洗消,检测合格擦拭干净装车;洗消污水转送化工厂处理;所有设备装车完毕以后,对防化洗消车辆进行洗消,撤离现场。

五、洗消操作实施

实施具体洗消操作是在确定洗消剂类型、洗消方法的前提下,遵守洗消场地选址原则,展开洗消设备对人员、器材装备、场地进行洗消。

1. 洗消场地展开

洗消场地展开作为实施具体洗消的第一步骤,关系到洗消效率的高低,俗话说"万事开头难",遵守正确的洗消场地选址原则,可帮助洗消人员快速有效地展开洗消。

(1)洗消场地选址原则

洗消场地选址原则主要为"三便于,一靠近",即便于受染人员机动,便于洗消器材装备、人员展开,便于救护人员救护,靠近受染区域上方或侧上方位置(可挥发有毒物质上风或侧上风位置,可流动有毒物质流溢上方或侧上方位置)。

(2)洗消场地设置

洗消场地设置根据救援现场的情况一般分为等候区、调整哨、洗消区、安全区、检查点、补消点、警戒哨、医疗救护点,根据洗消目标分为人员洗消点、器材装备洗消点、污染场地洗消点。

2. 洗消具体操作

洗消具体操作要坚持"以人为本",对人员的洗消要优于器材装备、场地设施等的洗消。洗消具体操作按轻重顺序一般分为对人员实施洗消和对器材装备、精密仪器、场地设施实施洗消两类。

(1)对人员实施洗消

对人员洗消时一般采取先进行全身洗消,再脱去染毒防护装备,最后进行全身二次重复洗消;在全身受污染时,以头部和脸部优先,尤其是口、鼻、耳朵、头皮等部位,再进行全身洗消,由上而下,依次洗消的程序进行洗消。注意:在进行洗消时洗消剂尽量选用无腐蚀、性质温和、无毒性的洗消剂,同时洗消剂浓度配比适当,不可以为达到洗消目的过高调整洗消浓度,防止对人员造成伤害。对局部沾染有毒物质的部位先洗消,再进行全身洗消。

(2)对器材装备、精密仪器、场地设施实施洗消

对器材装备洗消时一般采取先洗消贵重、精密器材,再洗消其他器材装备的顺序展开洗消。对贵重、精密器材的洗消,可采取纱布、棉球沾染洗消剂反复擦拭洗消,并立即进行保养,避免对器材装备造成损坏;对大、中型器材装备、场地进行洗消时,可综合利用现场洗消设备进行洗消,例如,对中型器材装备可利用消防洗消设备中高压洗消装备(如高压清洗机等)进行反复洗消,对大型器材装备、污染场地可利用消防车大吨位水罐车进行冲洗;对渗透性强有毒有害物质的污染场地,可采取掩埋、转移的方式进行洗消。注意:对器材装备、场地进行洗消时可适量调整洗消剂浓度比,在洗消完毕后必须用大量清水进行冲洗,避免洗消剂浓度过高,对器材装备产生腐蚀,影响器材装备使用功能和寿命,同时达到降低洗消剂浓度,减小对环境的影响;对掩埋、转移的污染物必须添加大量的漂白粉拌匀进行集中处置。

第十节　信息发布

一、信息发布的含义

突发事件的信息发布是指由法定的行政机关依照法定程序,将其在行使应急管理职能的过程中所获得或拥有的突发事件信息,以便于知晓的形式主动向社会公众公开的活动。在信息传播飞速发展的社会背景下,突发事件信息发布工作关系到政府的形象,有利于减少猜测和动员社会力量参与突发事件应对工作。事实证明,社会信息越公开,社会的自主能力和承受能力越高,社会就会越稳定。

突发事件信息发布的主体是法定行政机关,具体是指由有关信

息发布的法律、法规所规定的行政部门；信息发布的客体是广大的社会公众；信息发布的内容是有关突发事件的信息，主要指公共信息，涉及国家秘密、商业秘密和个人隐私的政府信息不在发布的内容之列；信息发布的形式是行政机关主动向社会公众公开，而且以方便于公众知晓的方式主动公开。《中华人民共和国政府信息公开条例》规定，县级以上人民政府及其部门在各自职权范围内确定主动公开的政府信息具体内容。其中应重点予以公开的内容有 11 个，涉及突发事件应急管理的有两个，即"突发事件的应急预案、预警信息及应对情况"和"环境保护、公共卫生、食品药品、产品质量监督检查情况"。此外，该条例还规定，设区的市级人民政府、县级人民政府及其部门重点公开的信息之一是"抢险救灾、优抚、救济、社会捐助等款物的管理、使用和分配情况"，乡镇政府应重点公开的信息之一是"抢险救灾、优抚、救济、社会捐助等款物的发放情况"。

二、信息发布的流程

一般而言，突发事件信息发布的流程包括以下 4 个关键环节：

第一，收集、整理与分析、核实突发事件的相关信息，确保信息的客观、准确、全面。

第二，根据舆情监控，确定信息发布的目的、内容与重点、时机。其中，有关行政机关要对拟发布信息进行保密审查，剔除涉及国家秘密、商业秘密和个人隐私的内容或作一定的技术处理。

第三，确定信息发布的方式，适时向社会公众发布。

第四，根据信息发布后的社会反应，进行突发事件信息的后续发布或补充发布。

在现代信息社会，行政机关可能通过多种手段发布突发事件信息，也可以根据需要选择一种或几种手段来完成信息发布的任务。在选择信息发布手段的过程中，应综合考虑突发事件的性质、程度、范围，传播媒体的特点，目标受众的范围与接受心理等，以确保信息发布的有效性。突发事件信息发布的常用方式有政府公报、新闻发布会、新闻通稿、政府网站发布、宣传单。

三、信息发布的原则

突发事件信息发布必须遵循的基本原则如下。

1. 统一性

所谓统一性是指以不同方式发布的信息内容必须具有一致性，做到数据统一、口径一致。不然，社会公众就会无所适从，产生种种疑虑。当然，突发事件具有很强的不确定性，在信息的搜集与报送的过程中存在着出现偏差的可能性。当偏差矫正之后，行政机关应在后续的信息发布过程中予以说明和解释。

2. 真实性

突发事件的信息发布首先应具有真实性。所谓真实性是指突发事件信息准确可靠。特别是在重大突发事件发生后，人们迫切希望从权威部门了解到突发事件的性质、原因、危害、影响范围、演化趋势以及政府的应对措施等真实的信息。为了保证信息发布的真实性，应该注重信息的客观性与全面性。所谓的客观性，就是指信息实事求是地反映突发事件的真实真相，不溢美，不隐恶；所谓全面性，就是指信息完整，没有避重就轻或断章取义。

真实性是信息发布的生命力所在。这是因为：第一，缺少真实性保障，信息发布没有任何意义。第二，缺少真实性保障，政府的权威形象受损，公信力下降，信息发布制度将难以为继。第三，缺少真实性保障，公众将以猜测替代不完整或不可信的信息，致使流言、谣言盛行，引发社会恐慌。

有些官员害怕发布突发事件的真实信息会诱发社会公众的过度恐慌，于是对信息进行各种干扰和扭曲，人为地导致信息的真实性大打折扣，这往往会弄巧成拙。在信息手段高度发达、社会透明性极强的今天，隐瞒信息真实性的企图几乎是徒劳的。而且，在突发事件中，人的心理有很强的自我调适、自我修复能力，无论风险多大，人对确知的风险是比较从容的，而真正容易引起恐慌的是对突发事件的不确定感。所以，应发布真实、客观、全面、充分的信息，减少人们对突发事件的不确定感。对确实不宜公开的信息，政府及其部门也要向公众做出解释说明,以争取理解和支持。

3. 及时性

所谓及时性是指信息在最短的时间内发布。突发事件发生后,社会公众希望能够在第一时间了解事件的真实情况。如果行政机关反应迟钝、不能及时发布信息,人们将转向小道消息,以满足知情的需要。小道消息在公众间私下传播,没有规则约束,随意性很大,在传递的过程中会被歪曲和误传,往往给社会带来严重的负面影响。抢占第一时间,以最快速度发布权威信息,是控制事态发展、避免社会恐慌的有效途径。谁先发布了信息,谁就争得了主动,就成为主要信息源,掌握了舆论引导的主动权,这是许多突发事件信息发布的共同经验。

在政府失语、权威信息缺失的情况下,一旦小道消息捷足先登,就会在社会公众中间产生先入为主的效应。迟滞的真实信息将很难矫正小道消息,很难树立自己的权威地位。因此,限制小道消息的消极作用,最根本的方法就是及时发布突发事件的信息,保证人们的知情权,让权威信息主导信息空间。

4. 连续性

所谓连续性是指突发事件信息包括突发事件本身的各个环节。突发事件往往持续一段时间,而且发展态势瞬息万变,因此,在信息发布的过程中要注意保持信息发布的连续性,定期或不定期向社会发布事件处置的最新进展情况。例如,在"非典"、高致病性禽流感、甲型H1N1 流感等疫情防控中,政府每天都向社会发布疑似病例、感染病例、死亡病例、出院病例等信息。突发事件发生之初,如果政府不能全面了解和掌握信息,可发布简单的信息以待未来补充,但切忌失语。

5. 公众导向

所谓公众导向是指信息能给公众应对突发事件提供知识。在突发事件信息发布的过程中,坚持以公众的知情需求为导向,在确保国家安全、公共安全、经济安全、社会稳定的前提下,提供公众亟须获取的信息。同时,信息发布的形式与技巧方面,要考虑公众的可接受性与理解能力,如尽量使用通俗易懂的语言等。此外,在满足公众需求的同时,要以信息发布的形式引导社会公众正确地对待突发事件。

四、信息发布管理

(1)应明确事故信息发布的部门及发布原则,事故信息应由事故现场指挥部及时准确向相关人员通报。

(2)应明确事故应急救援过程中对媒体和公众接触的机构和发言人,准确发布事故信息。

(3)应明确信息发布的审核、批准程序和格式。

(4)信息发布应准确通告事故发生、救援及人员伤亡情况。

(5)信息发布应为公众了解防护措施、查找亲人下落等有关问题提供咨询服务。

第十一节　应急救援结束

一、事故现场清理

危险化学品事故现场已经得到控制,所有事故隐患已经消除后,危险化学品单位应组织人员对现场进行清理、洗消、恢复,在进行现场清理、洗消、恢复过程中,应注意保护事故现场,并做好现场记录。

危险化学品事故现场清理,就是把事故区域还可能存在的危险(如残留有毒物质、可燃物继续爆炸、建筑物结构由于受到冲击而倒塌等)清除,对事故现场进行清理,以确保恢复期间的安全。即将事故现场的物品,该回收的回收,该作垃圾清除的进行垃圾外运,该化学洗消的进行化学洗消,以清除事故现场内的危险化学物质。最后达到现场物品分类处置、环保达标、干净卫生的要求。另外,土壤净化也是需要考虑的一项重要问题。

二、宣布应急结束

当事故现场得以控制,环境符合有关标准,导致次生、衍生事故隐患消除后,经事故现场应急指挥机构批准后,现场应急救援行动结束。

应急结束后,应明确:

(1)事故情况上报事项;

(2)需向事故调查处理小组移交的相关事项;

(3)事故应急救援工作总结报告。

三、进行应急恢复

应急结束,特指应急响应的行动结束,并不意味着整个应急救援过程的结束。在宣布应急结束之后,还要经过后期处置,即应急恢复,使生产、工作、生活秩序得以恢复,预案得以完善改进,才算一次完整的应急救援行动正式结束。

应急恢复,是指在事故得到有效控制后,为使生产、工作、生活和生态环境尽快恢复到正常状态,针对事故造成的设备损坏、厂房破坏、生产中断等后果,采取的设备更新、厂房维修、重新生产等措施。

1. 应急恢复情形

应急恢复,从理论上讲,一般包括短期应急恢复如更换阀门、管线和长期恢复如进行厂房重建两种情形。

在实际工作中,一般情况下,应急恢复是指短期恢复,即在事故得到彻底控制的状态下,较短时间内所采取的恢复正常生产的行动,是应急结束前的收尾工作。长期恢复,一般属于应急结束后的灾后重建,特殊情况下,也可将潜在风险高的恢复性行动,一直作为应急恢复工作进行到应急救援结束。

2. 应急恢复的目的

应急恢复的目的,一是在事态得以控制之后,尽快让生产、工作、生活等恢复到常态,从根本上消除事故隐患,避免事态向事故状态演化;二是通过常态的迅速恢复,减少事故损失,弱化不良影响。

3. 应急恢复的内容

应急恢复根据事故类型和损害严重程度,具体问题具体解决,在恢复中主要考虑如下内容。

(1)宣布应急结束。

（2）组织重新进入和人群返回。

当应急结束后，企业应急总指挥应该委派恢复人员进入事故现场，清理重大破坏设施，恢复被损坏的设备和设施。根据危险的性质和事故大小，恢复人员一般应包括以下全部或部分人员：应急人员、工程人员、维修人员、生产人员、采购人员、环境人员、健康和安全人员、法律人员等。

（3）受影响区域的连续检测。

（4）现场警戒和清理。

应急反应结束后，由于以下原因可能还需要继续隔离事故现场：

① 事故区域还可能造成人员伤害；

② 事故调查组需要查明事故原因，因此不能破坏和干扰现场证据；

③ 如果伤亡情况严重，需要政府部门（安全生产局等）进行官方调查；

④ 其他管理部门（环保局、卫生部门）也要进行调查；

⑤ 保险公司要确定损坏程度；

⑥ 工程技术人员需要检查该区域以确定损坏程度和可抢救的设备。

恢复工作人员应该用彩带或其他设施将被隔离的事故现场区域围成警戒区。保安人员应防止无关人员入内，还要通知保安人员如何应对管理部门的检查。

（5）损失状况评估。

损失状况评估是恢复工作的另一个内容，评估工作主要集中在紧急事故后企业如何进行修复工作等问题。可参考以下项目来进行评估：

① 重要设备：如贮罐、工艺容器、精馏塔、热交换器、工艺仪表、化学管线、泵、车辆、基础设施等。

② 紧急设备：如灭火设备、个人防护设备、急救设备、传感器等。

③ 电力系统：如电源开关、电源插座、电力线路、变压器、发电机、应急灯、室外照明设施等。

④ 警报系统：如传感器、电线、警报器、电台、计算机等。

⑤ 通信系统：电话、电池、电线、扬声器、无线电、无线电发送装置等。

⑥ 一般性机械：动力电缆、紧急开关、进出接线、进出管道、设备传感器或检测器、移动备件、机器基础装置、污染控制装置等。

完成损失评估后，每个需要立即修理或恢复的项目都应分派专人或专门部门负责。在进行设备处理前，要确保事故调查组对设备的查验及记录存档。

（6）恢复损坏区的水、电等供应。

水、电供应的恢复只有在对企业彻底检查之后才能开始，以保证不会产生新的危险。

（7）抢救被事故损坏的物资和设备。

（8）恢复被事故影响的设备、设施。

（9）事故调查。

事故调查主要集中在事故如何发生及为何发生等方面。事故调查的目的是找出操作程序、工作环境或安全管理中需要改进的地方，以避免事故再次发生。一般情况下，需要成立事故调查组。

根据惯例，事故调查组应该由各种技术人员和操作人员组成（工程师、安全专家、工艺操作人员等）。事故调查组通常需要做以下工作：

① 查看事故现场；

② 查看事故现场的图片和录像；

③ 搜集与整理证据；

④ 核对工艺数据；

⑤ 确认并采访证人。

完成以上工作后，事故调查组应按企业有关章程或其他有关事故调查的规定来分析事故。分析的主要目的是评估辨识事故发生的原因（根本原因和诱发原因），确定纠正措施及任务分配。调查小组要在报告中详细记录调查结果和建议。

一般情况下，企业都应制定事故调查的程序。通常出现以下情

况之一,就应进行正式而广泛的事故调查:

　　① 出现人员死亡、严重伤害或大量财产损失;

　　② 调查显示上述事故以后发生的可能性很高;

　　③ 调查表明如果事故发生还可能造成更严重的后果;

　　④ 发现以前未曾发现的危险;

　　⑤ 暴露的风险远高于以前的估计结果。

　　恢复工作的最终目的是恢复到企业原有状况或更好,所需时间进程、费用和劳动力与事故的严重程度有关。无论怎样,从事故中吸取教训是最重要的,包括重新安装防止类似事故发生的装置,这也是审查应急预案、评价应急行动有效性的一个因素。通过加入新的内容,改善原应急预案,提高事故应急水平。

四、应急响应关闭

　　应急恢复阶段完成之后,还须做两项工作,应急响应程序才能关闭。

　　1. 影响评估

　　组织相关人员从人员伤亡、经济损失、环境影响、社会影响等方面,对事故影响进行分析评估。

　　2. 预案评审与改进

　　为了保证应急预案的有效性、高效性,应急救援行动结束,应对应急救援预案从应急指挥、应急职责、救援方法、救援操作等方面进行全面评审,对错误项进行改正,对不合理项进行修正,对不足项进行完善,通过这些改进完善,使得预案更合理、更科学、更符合实际、更有可操作性,提高应急救援能力与效果。

第五章 危险化学品应急救援装备

第一节 危险化学品应急救援装备类型

随着我国国民经济的快速发展,危险化学品的需求不断扩大,同时危险化学品安全形势也日益严峻。每年全国发生上百起危险化学品事故,危险化学品单位如果能在第一时间及时、正确、有效地采取应急救援行动,可防止事故的扩大,减少人员的伤亡和财产的损失以及环境的破坏。但是常有危险化学品事故因没有配备必要的应急救援物资,导致事故的扩大。国家安全生产监督管理总局应急救援指挥中心发布 2009 年 45 号文《关于因施救不当造成伤亡扩大事故的通报》,通报称当年连续发生的 3 起因施救不当或盲目施救造成伤亡扩大的较大事故,由最初涉险 3 人,最终导致 11 人死亡、6 人受伤。3 起事故的主要原因之一是现场救援人员施救时没有用气体检测仪检测工作场所的有毒气体含量,也没有配备个体防护装备。

我国法律法规明确规定危险化学品单位应该配备必要的应急救援物资。《中华人民共和国安全生产法》第七十九条规定,危险物品的生产、经营、储存、运输单位应当配备必要的应急救援器材、设备、物资,并进行经常性维护、保养,保证正常运转。《危险化学品安全管理条例》第七十条规定,危险化学品单位应当制定本单位事故应急救援预案,配备应急救援人员和必要的应急救援器材、设备,并定期组织演练。《使用有毒物品作业场所劳动保护条例》第十六条规定,从事使用高毒物品作业的用人单位,应当配备应急救援人员和必要的应急救援器材、设备,制定事故应急救援预案,并根据实际情况变化对应急救援预案适时进行修订,定期组织演练。

因此,危险化学品单位按标准配备应急救援物资,对提高危险化学品事故的应急处置能力和保障救援人员的生命安全,具有重要意义。

一、应急救援装备的种类

应急救援装备种类繁多,功能不一,适用性差异大,可按其适用性、具体功能、使用状态进行分类。

(一)按照适用性分类

应急装备有的适用性很广,有的则具有很强的专业性。根据应急装备的适用性,可分为一般通用性应急装备和特殊专业性应急装备。

1. 一般通用性应急装备

主要包括:个体防护装备,如呼吸器、护目镜、安全带等;消防装备,如灭火器、消防锹等;通信装备,如固定电话、移动电话、对讲机等;报警装备,如手摇式报警、电铃式报警等装备。

2. 特殊专业性应急装备

因专业不同而各不相同,可分为消火装备、危险品泄漏控制装备、专用通讯装备、医疗装备、电力抢险装备等。

(二)按照具体功能分类

根据应急救援装备的具体功能,可将应急救援装备分为预测预警装备、个体防护装备、通信与信息装备、灭火抢险装备、医疗救护装备、交通运输装备、工程救援装备、应急技术装备八大类及若干小类,如图 5-1 所示。

1. 预测预警装备

预测预警装备具体可分为监测装备、报警装备、联动控制装备、安全标志等。

2. 个体防护装备

个体防护装备具体可分为头部防护装备、眼面部防护装备、耳部防护装备、呼吸器官防护装备、躯体防护装备、手部防护装备、脚部防护装备、坠落防护装备等。

3. 通信与信息装备

通信与信息装备具体可分为防爆通信装备、卫星通信装备、信息传输处理装备等。

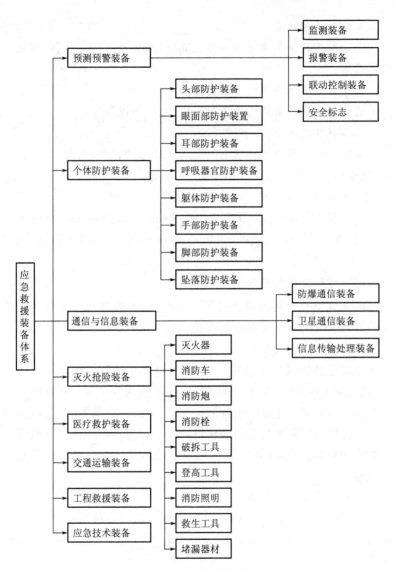

图 5-1　应急救援装备体系

4. 灭火抢险装备

　　灭火抢险装备具体可分为灭火器,消防车,消防炮,消防栓,破拆工具,登高工具,消防照明,救生工具,常压、带压堵漏器材等。

5.医疗救护装备

医疗救护装备具体可分为多功能急救箱、伤员转运装备、现场急救装备等。

6.交通运输装备

交通运输装备具体可分为运输车辆、装卸设备等。

7.工程救援装备

工程救援装备具体包括地下金属管线探测设备、起重设备、推土机、挖掘机、探照灯等。

8.应急技术装备

应急技术装备包括 GPS(Global Positioning System,全球定位系统)技术、GIS(Geographical Information System,地理信息系统)技术、无火花堵漏技术等。

(三)按照使用状态分类

根据应急救援装备的使用状态,应急救援装备可分为日常应急救援装备和战时应急救援装备两类。

1.日常应急救援装备

日常应急救援装备是指日常生产、工作、生活等状态正常情况下,仍然运行的应急通信、视频监控、气体监测等装备。日常应急救援装备主要包括用于日常管理的装备,如随时进行监控、接受报告的应急指挥大厅里配备的专用通信设施、视频监控设施等,以及进行动态监测的仪器仪表,如固定式可燃气体监测仪、大气监测仪、水质监测仪等。

2.战时应急救援装备

战时应急救援装备是指在出现事故险情或事故发生时,投入使用的应急救援装备,如灭火器、消防车、空气呼吸器、抽水机、排烟机等。

日常应急救援装备与战时应急装备不能严格区分,许多应急救援装备既是日常应急救援装备,又是战时应急救援装备。如水质监测仪,在生产、工作、生活等状态正常情况下主要是进行日常监测预警,在事故发生时,则是进行动态监测,确定应急救援行动是否结束。

二、常见应急救援装备简介

常见危险化学品应急救援装备有侦检装备、个体防护设备、输转装备、堵漏装备、洗消装备、排烟装备、救灾通信联络设备、消防装备、破拆器材装备、应急救援所需的重型设备、救生装备及其他装备。

(一)侦检装备

侦检装备,主要是指通过人工或自动的检测方式,对火场或救援现场所有灭火数据或其他情况,如气体成分、放射性射线强度、火源、剩磁等进行测定的仪器和用具。主要有以下几种。

(1)热成像仪,主要用于在黑暗、浓烟条件下观测火源及火势蔓延方向,寻找被困人员,监测异常高温及余火,观测消防队员进入现场情况。

(2)可燃气体和毒性气体检测器,主要用于检测现场空气中的磷化氢、硫化氢、氯化氢和氯气等。

(3)智能型水质分析仪,主要用于对地表水、地下水、各种废水、饮用水及处理过的小颗粒化学物质,进行定性分析。

(4)有毒气体探测仪,主要用于有毒气体探测,可以同时检测四类气体,即可燃气(甲烷、煤气、丙烷、丁烷等31种)、毒气(一氧化碳、硫化氢、氯化氢等)、氧气和有机挥发性气体。

(5)核放射性侦检仪,用于测量周围放射性剂量当量。

(6)核放射探测仪,用于快速准确地寻找并确定 α 或 β 射线污染源的位置。

(7)生命探测仪,用于建筑物倒塌现场的生命找寻救援。

(8)综合电子气象仪,用于检测风向、温度、湿度、气压、风速等参数。

(9)漏电探测仪,用于确定泄漏电源的具体位置。

(二)个体防护装备

1.个体防护装备分级

在应急反应作业中,进入各控制区人员的防护装备需要分级。

对生命及健康有即时危险的岗位(即在 30 min 内即发生的不可

修复和不可逆转危害的地方)以及到化学事故中心地带参加救援的消防队员(或其他到此区域的人员)均需达到 A 级(窒息性或刺激性毒物等)或 B 级(不挥发的有毒固体或液体)防护要求,对不明毒源的事件现场救援者均要达到 A 级要求。

(1)A 级防护:可对周围环境中的气体与液体提供最完善保护。

① 防护对象:防护高蒸气压、可经皮肤吸收或致癌和高毒性化学物,可能发生高浓度液体泼溅、接触、浸润和蒸气暴露,接触未知化学物(纯品或混合物),有害物浓度达到 IDLH 浓度(Immediately Dangerous to Life or Health concentration,立即威胁生命和健康浓度),缺氧。

② 装备

全面罩正压空气呼吸器(SCBA):根据容量、使用者的肺活量、活动情况等确定气瓶使用时间;

全封闭气密化学防护服:为气密系统,防各类化学液体、气体渗透;

防护手套:抗化学防护手套;

防护靴:防化学防护靴;

安全帽。

(2)B 级防护:存在有毒气体(或蒸气)或者针对致病物质对皮肤危害不严重的环境。

① 防护对象:为已知的气态毒性化学物质,能经皮肤吸收或呼吸道危害,达到 IDLH 浓度,缺氧。

② 装备

SCBA:确定防护时间;

头罩式化学防护服:非气密性,防化学液体渗透;

防护手套:抗化学防护手套;

防护靴:防化学防护靴;

安全帽。

(3)C 级防护:适用于低浓度污染环境或现场支持作业区域。

① 防护对象:非皮肤吸收有毒物,毒物种类和浓度已知,浓度低

于 IDLH 浓度,不缺氧。

② 装备

空气过滤式呼吸防护用品:正压或负压系统,选择性空气过滤,适合特定的防护对象和危害等级;

头罩式化学防护服:隔离颗粒物、少量液体喷溅;

防护手套:防化学液体渗透;

防护靴:防化学液体渗透。

(4)D 级呼吸防护

① 防护对象:适用于现场冷区或冷区外的人员。

② 装备:衣裤相连的工作服或其他普通工作服、靴子及手套。

2.防护服选择的注意事项

(1)防护服的材料

危险化学品事故类型决定了防护服的材料,如消防人员使用的防护设备主要起到防止磨损与阻热作用,因此在选择防护服时应根据可能发生的事故类型选择防护服的材料,如有多种类型危险化学品事故要考虑防护服材料的相容性。

(2)闪火的防护

防火服与防化服结合起来使用,是避免在危险化学品事故应急行动中受到热伤害的一种方法。这种服装在防火材料上涂有反射性物质(通常为铝制的),但只能够提供对于闪火的瞬间防护,而不能在与火焰直接接触的地方使用。

(3)热防护

在一般灭火行动中,应急者可穿防火服,它能够提供对大多数火灾的防护。然而,有时会出现应急者进入,并在高热环境下工作的情况。这种极限温度会超出防护服的极限,因此需要穿专用耐高温服。

(4)选择合理的防护标准

要选择合理的防护标准,首先要考虑应急人员实施行动的范围及条件:是单纯的灭火行动,还是针对危险物质的行动,抑或二者都有。

同时在选择防护服时还要考虑工作持续时间、保养、储存和检查及除污与处理等因素。

3.眼面防护具

眼面防护具都具有防高速粒子冲击和撞击的功能。眼罩对少量液体性喷洒物具有隔离作用,另外还有防各类有害光的眼护具,有些具有防结雾、防刮擦等附加功能。若需要隔绝致病微生物等有害物通过眼睛黏膜侵入,应在选择呼吸防护时选用全面罩。

4.防护手套、鞋靴

和防护服类似,各类防护手套和鞋靴适用的化学物对象不同,另外,配备时还需要考虑现场环境中是否存在高温、尖锐物、电线或电源等因素,而且要具有一定的耐磨性能。

5.呼吸防护用品

呼吸防护用品的使用环境分为两类。第一类是 IDLH 环境。IDLH 环境会导致人立即死亡,或丧失逃生能力,或导致永久丧失健康的伤害。IDLH 环境包括空气污染物种类和浓度未知的环境,缺氧或缺氧危险环境,有害物浓度达到 IDLH 浓度的环境。第二类是非 IDLH 环境。可以说应急反应中个体防护的 A 级和 B 级防护都是处理 IDLH 环境的,GB/T 18664 规定,IDLH 环境下应使用全面罩正压型,C 级防护所对应的危害类别为非 IDLH 环境。

(三)输转装备

多用于化学灾害事故现场的处置工作。

1.有毒物质密封桶

(1)用途。主要用于收集并转运有毒物质和污染严重的土壤。

(2)性能及组成。由特种塑料制成。密封桶由两部分组成,在上端预留了转运物体观察和取样窗。容量 300 L,直径 794 mm,高 1085 mm,重量 26 kg。

(3)维护。防止破损,保持清洁,用后应洗消。

2.多功能毒液抽吸泵

(1)用途。可迅速抽取各种液体,特别是黏稠、有毒液体,如柴油、机油、液体食品、废水、泥浆、化工危险液体、放射性废料等,适用于化学救援现场。

(2)性能及组成。由内燃机或电动机驱动。抽取泵流量 20 000 L/h,发动机功率 3 kW,电压 220/380 V,转速 285 r/min,重量 62 kg。

(3)维护。保持泵体清洁,严禁擅自取拿盖罩,保证润滑。维修应由专业人员进行;经常检查管道的完好性,如有破损,应及时更换。

3.手动隔膜抽吸泵

(1)用途。主要用于输转有毒液体,如油类、酸性液体等。

(2)性能及组成。泵体、橡胶管接口由不锈钢制成,隔膜及活门由氯丁橡胶或特殊弹性塑料制成,可抗碳氢化合物。接口直径为 40 mm 或 50 mm。每分钟可抽取 100 L 液体,每次 4 L,抽取和排出高度 5 m。

(3)维护。经常检查各螺栓是否完好活络,隔膜是否完好无破损,保持清洁。

4.液体吸附垫

(1)用途。可快速有效地吸附酸、碱和其他腐蚀性液体。

(2)性能及组成。吸附能力为自重的 25 倍,吸附后不外渗,吸附能力 75 L。全套包括 100 张 P100 吸附纸,12 个 P300 吸附垫,8 个 P200 吸附长垫,5 个带绳的垃圾袋,总重 14 kg。

(3)维护。置于干燥洁净处保管。

(四)堵漏装备

(1)管道密封套,用于压力 1.6 MPa(16 bar)的管道裂缝密封。

(2)1.5 bar 泄漏密封枪,用于单人操作密封油罐车、液柜车或贮罐的裂缝。

(3)内封式堵漏袋,用于危险物质泄漏事故发生时堵漏 1 bar 反压的密封沟渠与排水管道。

(4)外封式堵漏袋,用于堵塞管道、容器、油罐车或油槽车、桶与贮罐的直径为 480 mm 以上的裂缝。

(5)捆绑式堵漏带,用于密封 50~480 mm 直径管道及圆形容器的裂缝。

(6)堵漏密封胶,在化学或石油管道,阀门套管接头或管道系统连接处出现极少泄漏的情况下使用。

(7)罐体及阀门堵漏工具,用于氯气罐体上的安全阀和回转阀的堵漏。

(8)磁压堵漏系统,用于大直径贮罐和管线的作业。

(9)注入式堵漏装备,用于法兰、管壁、阀芯等部位的泄漏;适用于各种油品、液化气、可燃气体、酸、碱液体和各种化学品等介质。

(10)粘贴式堵漏装备,主要用于法兰垫、盘根、管壁、罐体、阀门等部位的点状、线状和蜂窝状泄漏。

(五)洗消装备

(1)空气加热机,主要用于洗消帐篷内供热或送风。

(2)热水器,主要用于供给加热洗消帐篷内的用水。

(3)公众洗消帐篷,主要用于化学灾害救援中人员洗消。

(4)战斗员个人洗消帐篷,主要用于战斗员洗消。

(5)高压清洗机,主要用于清洗各种机械、汽车、建筑物、工具上的有毒污渍。

(六)排烟装备

(1)水驱动排烟机,主要用于把新鲜空气吹进建筑物内,排出火场烟雾。适用于有进风口和出风口的火场建筑物。

(2)机动排烟机,主要用于对火场内部浓烟区域进行排烟送风。

(七)救灾通信联络装备

在考虑到原有通信系统破坏时,采用的应急通信联络工具和现场通信联络工具。

现场急救通信工具的配置非常重要。在现有条件下现场急救可以做到配备:①电台或车载电话;②手提移动电话;③对讲机。一般情况下,危险化学品事故应急救护队伍在执行救援任务时,负责人至少要携带一部手提移动电话或对讲机,以便与现场指挥部或急救单位保持联系,一旦发生危险化学品事故时可以做到快速反应。

(八)消防装备

1. 灭火器

(1)灭火器分类

我国通常采用按照充装灭火剂种类、灭火器重量、加压方式三种分类方法进行分类。

① 按充装灭火剂种类分

a. 清水灭火器,灭火剂为水和少量添加剂;

b. 酸碱灭火器,碳酸氢钠和硫酸铝;

c. 化学泡沫灭火器,碳酸氢钠和硫酸铝;

d. 轻水泡沫灭火器,氟碳表面活性剂和添加剂;

e. 二氧化碳灭火器,CO_2;

f. 干粉灭火器,碳酸氢钠或磷酸铵干粉灭火剂;

g. 卤代烷灭火器,卤代烷 1211、1301、2402(注:公安部和国家环保局公通字〔1994〕第 94 号文要求在非必要场所停止再配置卤代烷灭火器)。

② 按灭火器重量分

a. 手提式灭火器;

b. 背负式灭火器;

c. 推车式灭火器。

③ 按加压方式分

a. 化学反应式:两种药剂混合,进行化学反应产生气体而加压。包括酸碱灭火器和化学泡沫灭火器。

b. 储气瓶式:气体储存在钢瓶内,当使用时,打开钢瓶使气体与灭火剂混合。包括清水灭火器、轻水泡沫灭火器和干粉灭火器。

c. 储压式:灭火器筒身内已充入气体,灭火剂与气体混装,经常处于加压状态,包括二氧化碳灭火器和卤代烷灭火器。

国家标准规定,灭火器型号以汉语拼音大写字母和阿拉伯数字标于筒体。其中第一个字母 M 代表灭火剂,第二个字母代表灭火剂类型(F 是干粉灭火剂、FL 是磷铵干粉、T 是二氧化碳灭火剂、Y 是卤代烷灭火剂、P 是泡沫、QP 是轻水泡沫灭火剂、SQ 是清水灭火剂），第三个字母代表移动方式，如 T——推车式、Z——舟车式或鸭嘴式、B——背负式，后面的阿拉伯数字代表灭火剂重量或容积，一般单位为千克或升，如 MF4 表示 4 kg 干粉灭火器，数字 4 代表内装重量为 4 kg 的灭火剂；MFT35 则表示 35 kg 推车式干粉灭火器；MTZ5 表示 5 kg 鸭嘴式 CO_2 灭火器，T 代表 CO_2。

（2）火灾种类与灭火器的选用

① 火灾种类的划分

火灾根据物质及其燃烧特性划分为以下六类：

a. A 类火灾：固体物质火灾，如木材、棉、毛、麻、纸张等燃烧的火灾。

b. B 类火灾：液体或可熔化的固体物质火灾，如汽油、煤油、柴油、甲醇、乙醚、丙酮等燃烧的火灾。

c. C 类火灾：气体火灾，如煤气、天然气、甲烷、丙烷、乙炔、氢气等燃烧的火灾。

d. D 类火灾：金属火灾，如钾、钠、镁、钛、锆、锂、铝镁合金等燃烧的火灾。

e. E 类火灾：指带电物体燃烧的火灾。

f. F 类火灾：烹饪器具内的烹饪物（如动植物油脂）火灾。

② 灭火器类型选择时应符合下列要求：

a. 扑救 A 类火灾用选用水型、泡沫、磷酸铵盐干粉、卤代烷型灭火器。

b. 扑救 B 类火灾应选用干粉、泡沫、卤代烷、二氧化碳型灭火器，扑救极性溶剂 B 类火灾不得选用化学泡沫灭火器。

c. 扑救 C 类火灾应选用干粉、卤代烷、二氧化碳型灭火器。

d. 扑救 E 类火灾应选用卤代烷、二氧化碳、干粉型灭火器。

e. 扑救 A、B、C、E 类火灾应选用磷酸铵盐干粉、卤代烷型灭火器。

f. 扑救 D 类火灾就我国目前情况来说，还没有定型的灭火器产品。目前国外灭 D 类火灾的灭火器主要有粉装石墨灭火器和灭金属火灾专用干粉灭火器。在国内尚未定型生产灭火器和灭火剂的情况下可采用干沙或铸铁末灭火。

2.其他消防装备

消防装备除了灭火器外,还有许多必要的灭火设施,如消火栓、水泵接合器、水带、水枪、消防泵及消防车等。

(1)消火栓

消火栓分为室外消火栓和室内消火栓。

① 室外消火栓

室外消火栓是一种城市必备的消防装备,尤其在市区或河道较少的地区,更需要安装置备,确保消防需要,消火栓可直接用于扑救火灾,也可以用于消防车取水。室外消火栓安装在室外市政管网上,通常采用生活与消防共享系统,室外消火栓分为地上式和地下式。

② 室内消火栓

室内消火栓是指安装在建筑物内和轮船等内部的消防供水设备,一般用来扑救室内初起火灾,它由报警器、水箱、阀门、水带及水枪组成。其中室内消火栓有 SN65、SN50 两种型号。

(2)消防泵

① 手抬机动消防泵,手抬机动消防泵适用于工矿企业、农村和城市道路,道路狭窄,消防车不能通过的地方。

② 机动体引泵,主要用来扑救一般物质的火灾。也可附加泡沫管枪及吸液管喷射空气泡沫液。扑救油类、苯类等易燃液体的火灾。常用的 BQ75 型牵引机动泵。

③ 消防梯

消防梯是消防队员扑救火灾时,登高灭火、救人或翻越障碍物的工具。目前普通使用的有单杠梯、挂钩梯、拉梯三种。

④ 水龙带、水枪

水龙带是连接消防泵(或消火栓)和水枪等喷射装置的输水管线。

水枪是一种增加水流速度射程和改变水流形式的消防灭火工具。根据水枪喷射出的不同水流分为直流水枪、开花水枪、喷雾水枪、开花直流水枪等。

(九)破拆器材装备

破拆工具设备(破拆器材装备)按动力源可分为手动破拆工具、

电动破拆工具、机动破拆工具、液压破拆工具、气动破拆工具、弹能破拆工具、其他破拆工具。

常用的破拆器材装备及特点如下。

(1)手动破拆工具:有撬斧、撞门器、消防腰斧、镐、锹、刀、斧等。主要以操作者自身的力量来完成救援工作。优点:不需要任何能源,适用于迫切性小的事故救援。缺点:力量小,效率低。

(2)电动破拆工具:有电锯、电钻、电焊机等。以电能转换为机械能,实现切割、打孔、清障的目的。优点:工作效率高。缺点:灾难事故停电或野外作业时无电源可取。

(3)机动破拆工具:有机动锯、机动镐、铲车、挖掘机等。主要以燃料为动力转换机械能实施破拆清障。优点:工作效率高,不受电源影响。缺点:设备大、不便于携带。

(4)液压破拆工具:有液压剪钳、液压扩张器、液压顶杆等。主要以高压能量转换为机械能进行破拆、升举。优点:能量大、工作效率高。缺点:设备笨重,质量不稳定。

(5)气动破拆工具:有气动切割刀、气动镐、气垫等。靠高压空气转换机械能工作。优点:设备小。缺点:功能单一。

(6)弹能破拆工具:有毁锁枪、双动力撞门器、子弹钳等。以弹药爆炸所产生的高压气体为动力源。优点:设备小,效率高,能量大。缺点:功能单一。

(7)其他破拆工具:有气割、无火花工具等。以其他动力源工作。适合于特殊的救援场所。

(十)应急救援所需的重型设备

重型设备在控制紧急情况时是非常有用的,它经常与大型公路或建筑物联系起来。在紧急情况下,可能用到的重型设备包括反向铲、装载机、车载升降台、翻卸车、推土机、起重机、叉车、破拆机、开孔器、挖掘机、便携式发动机等。

企业不一定购置上述设备,但至少应明确,一旦需要,可以从哪些单位获得上述重型设备的支援。

(十一)救生装备及其他

包括自动苏生器、自救器、缓降器、救生袋、救生网、救生气垫、救生软梯、救生滑杆、救生滑台、导向绳等救生装备。

第二节　危险化学品应急装备选择与使用

一、应急救援装备的配备原则及要求

(一)应急救援装备的配备原则

危险化学品单位应急救援物资配备主要目的是满足单位员工现场应急处置和企业应急救援队伍所承担救援任务的需要。因此,从企业自身的特点考虑,企业应进行危险性分析,如单位危险化学品的种类、数量和危险化学品发生事故的特点,配备相应的应急救援物资;从应急救援物资的特点考虑,应急救援物资应具备实用性、功能性、安全性、耐用性的特点。具体在配备时应依法合理配备,坚持以下几个原则。

一是依法配备。对法律法规明文要求必备的,必须配备。

二是合理配备。对法律法规没做明文要求的,应以满足单位实际需要为原则,按照预案要求和企业实际,合理配备。

三是双套配备。任何设备都可能损坏,因此,应急救援装备在使用过程中突然出现故障,无论从理论上分析,还是从实践中考虑,都会发生。一旦发生故障,不能正常使用,应急行动就很可能被迫中断。如总指挥的手机突然损坏,或电池耗尽,不能正常使用,指挥通信系统的中断,就很可能使应急救援行动处于等待指示的中断状态之中。又如,遇到氨气泄漏,如果只有一台空气呼吸器,此空气呼吸器出现故障不能正常使用或者余量不足,现场救援处置行动必将因此而停止。因此,对于一些特殊的应急救援装备,必须进行双套配置,当设备出现故障不能正常使用,立即启用备用设备。同时,对于双套配置的问题,要根据实际情况全面考虑。既不要怕花钱,也不能一概双套配置,造成过度投入,浪费资金。

因此,对应急救援设备的双套配备应坚持以下原则:

(1)如有能力,尽可能双套配置,对一些关键设备如通信话机、电源、事故照明等必须双套配置;

(2)如能力不足或设备性能稳定性高,可单套配置,通过加强维护,并预想设备损坏情况下的应急对策,如通过互助协议寻求支援。

(二)应急救援装备的配备要求

1.总体配备要求

应急救援物资质量合格是最基本的要求,是保证救援时救援人员安全、救援顺利进行的基础。因此危险化学品单位应急救援物资应符合国家标准或行业标准的要求;无国家标准和行业标准的产品应通过国家相关法定检验机构检验合格。危险化学品单位严禁使用不符合标准、检验不合格、无安全标志的产品。

2.作业场所配备要求

作业场所的员工是事故的第一发现人,也是第一时间现场处置人。为作业场所配备必要的应急救援物资,现场员工能第一时间利用应急救援物资抢救受害人员并进行现场处置,从而避免事故的扩大、减少人员的伤亡。

危险化学品单位应将应急救援物资存放在作业场所的应急救援器材专用柜或指定地点。作业场所应急物资配备标准应符合表 5-1 的要求。

表 5-1　作业场所救援物资配备标准

序号	物资名称	技术要求或功能要求	配备	备注
1	正压式空气呼吸器	技术性能符合 GB/T 18664 要求	2套	
2	化学防护服	技术性能符合 AQ/T 6107 要求	2套	具有有毒腐蚀液体危险化学品的作业场所
3	过滤式防毒面具	技术性能符合 GB/T 18664 要求	1个/人	根据有毒有害物质考虑,根据当班人数确定
4	气体浓度检测仪	检测气体浓度	2台	根据作业场所的气体确定

续表

序号	物资名称	技术要求或功能要求	配备	备注
5	手电筒	易燃易爆场所,防爆	1个/人	根据当班人数确定
6	对讲机	易燃易爆场所,防爆	2台	根据作业场所选择防护类型
7	急救箱或急救包	物资清单可参考 GBZ 1	1包	
8	吸附材料或堵漏材料	处理化学品泄漏	*	以工作介质理化性质确定具体的物资,常用吸附材料为干沙土
9	洗消设施或清洗剂	洗消进入事故现场的人员、设备和器材	*	在工作地点配备
10	应急处置工具箱	工作箱内配备常用工具或专业处置工具	*	根据作业场所具体情况确定

注:表中所有"*"表示由单位根据实际需要进行配置,本标准不作强行规定。下同。

3. 企业应急救援队伍人员个体防护装备配备要求

个体防护装备配备应体现"以人为本"的理念,这也是应急救援人员的个人安全保障。事故救援过程中个体防护装备是应急救援人员最后一道保护屏障。只有在确保应急救援人员自身安全的前提下才能进行抢险救援,因此,应配备应急救援人员的个体防护装备,确保救援人员在事故救援过程中的生命安全。企业应急救援队伍人员的个体防护装备的配备应符合表 5-2 的要求。

表 5-2　应急救援队伍人员个体防护装备配备标准

序号	名称	主要用途	配备	备份比	备注
1	头盔	头部、面部及颈部的安全防护	1顶/人	4 : 1	
2	二级化学防护服装	化学灾害现场作业时的躯体防护	1套/10人	4 : 1	1)以值勤人员数量确定 2)至少配备 2 套
3	一级化学防护服装	重度化学灾害现场全身防护	*		

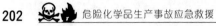

续表

序号	名称	主要用途	配备	备份比	备注
4	灭火防护服	灭火救援作业时的身体防护	1套/人	3∶1	指挥员可选配消防指挥服
5	防静电内衣	可燃气体、粉尘、蒸气等易燃易爆场所作业时的躯体内层防护	1套/人	4∶1	
6	防化手套	手部及腕部防护	2副/人		
7	防化靴	事故现场作业时的脚部和小腿部防护	1双/人	4∶1	易燃易爆场所应配备防静电靴
8	安全腰带	登梯作业和逃生自救	1根/人	4∶1	
9	正压式空气呼吸器	缺氧或有毒现场作业时的呼吸防护	1具/人	5∶1	1)以值勤人员数量确定 2)备用气瓶按照正压式空气呼吸器总量1∶1备份
10	佩戴式防爆照明灯	单人作业照明	1个/人	5∶1	
11	轻型安全绳	救援人员的救生、自救和逃生	1根/5人	4∶1	
12	消防腰斧	破拆和自救	1把/人	5∶1	

注1：表中"备份比"是指应急救援人员防护装备配备投入使用数量与备用数量之比。

注2：根据备份比计算的备份数量为非整数时应向上取整。

注3：小型危险化学品单位应急救援人员可佩戴作业场所的个体防护装备，不配备该表的装备。

4. 企业应急救援队伍抢险救援物资配备要求

企业应急救援队伍抢险救援物资包括侦检、个体防护、警戒、通信、输转、堵漏、洗消、破拆、排烟照明、灭火、救生等物资及其他器材。表 5-3 明确了中型危险化学品单位具体配备的抢险救援物资名称、技术性能和数量。

表 5-3 中型危险化学品单位抢险救援物资配备标准

序号	种类	物资名称	主要用途或技术要求	配备	备注
1	侦检	有毒气体探测仪	具备自动识别、防水、防爆性能，能探测有毒、有害气体及氧含量	2台	根据企业有毒有害气体的种类配备
2		可燃气体检测仪	检测事故现场易燃易爆气体，可检测多种易燃易爆气体的浓度	2台	根据企业可燃气体的种类配备
3	警戒	各类警示牌	灾害事故现场警戒警示	1套	
4		隔离警示带	灾害事故现场警戒，双面反光	5盘	备用2盘
5	灭火	移动式消防炮	扑救可燃化学品火灾	1个	
6		水带	消防用水的输送	1200米	
7		常规器材工具，扳手、水枪等	按所配车辆技术标准要求配备	1套	扳手、水枪、分水器、接口、包布、护桥等常规器材工具
8	通信	移动电话	易燃易爆环境必须防爆	2部	
9		对讲机	易燃易爆环境必须防爆	2台	
10	救生	缓降器	高处救人和自救；安全负荷不低于1300 N；绳索防火、耐磨	2套	
11		逃生面罩	灾害事故现场被救人员呼吸防护	10个	备用5个
12		折叠式担架	运送事故现场受伤人员，为金属框架，高分子材料表面质材，便于洗消，承重不小于100 kg	1架	
13		救援三角架	金属框架，配有手摇式绞盘，牵引滑轮最大承载2500 N，绳索长度不小于30 m	1个	
14					
15		救生软梯	登高救生作业	1个	
16		安全绳	长度50 m	2组	
		医药急救箱	盛放常规外伤和化学伤害急救所需的敷料、药品和器械等	1个	

序号	种类	物资名称	主要用途或技术要求	配备	备注
17	破拆	液压破拆工具组	灾害现场破拆作业	1套	根据企业实际情况选择其中一项
18		无齿锯	切割金属和混凝土材料		
19		手动破拆工具组	灾害现场破拆作业		
20	堵漏	木制堵漏楔	各类孔洞状较低压力的堵漏作业。经专门绝缘处理,防裂,不变形	1套	每套不少于28种规格
21		无火花工具	易燃易爆事故现场的手动作业,铜制材料	1套	
22		粘贴式堵漏工具	各种罐体和管道表面点状、线状泄漏的堵漏作业;无火花材料	*	
23		注入式堵漏工具	阀门或法兰盘堵漏作业;无火花材料;配有手动液压泵,泵缸压力≥74 MPa,使用温度−100～400 ℃	*	
24	输转	输转泵	吸附、输转各种液体,安全防爆	1台	
25		有毒物质密封桶	装载有毒有害物质,可防酸碱,耐高温	1个	
26		吸附垫	小范围内的吸附酸、碱和其他腐蚀性液体	2箱	
27	洗消	洗消帐篷	消防人员洗消;配有电动充气泵、喷淋、照明等系统	1顶	
28	排烟照明	移动式排烟机	灾害现场的排烟和送风,配有相应口径的风管	1台	
29		移动照明灯组	灾害现场的作业照明,照度符合作业要求	1组	
30		移动发电机	灾害现场等的照明	*	
31	其他	水幕水带	阻挡或稀释有毒和易燃易爆气体或液体蒸气	1套	

5.其他配备要求

危险化学品单位除了作业场所和应急救援队伍的应急救援物资配备,还应考虑其他部门在应急响应过程中所承担的职责以配备有关的应急救援物资。沿江河湖海的危险化学品单位还应考虑水上灭火抢险救援、水上泄漏物处置和防汛排涝等应急救援物资的配备。

以上各应急救援物资的配备标准是危险化学品单位物资配备的最低要求,配备的应急救援物资并不能满足所有危险化学品单位的要求,危险化学品单位还应根据自身的特点和要求,配备其他的应急救援物资以满足救援任务的需要。

危险化学品单位应急救援物资价格都比较昂贵,要完全满足本单位救援任务需要,对一个单位来说,投入较大,尤其是救援时可能用到的重型装备。危险化学品单位可与化工园区或周边其他应急救援机构签订应急救援物资互助协议,利用其他单位的应急救援物资,解决应急救援物资投入大的问题。

二、应急救援装备的选购、管理及维护

(一)应急救援装备的选择

应急救援装备的种类很多,同类产品在功能、使用、重量、价格等方面也存在很大差异,所以如何正确地选择装备对于不同的企业有不同的意义。对于目前来说,大多数企业选择的方式有如下几点。

1.根据法规要求进行选择

对法律法规明文要求必备的,必须配备到位。随着应急法制建设的推进,相关的专业应急救援规程、规定、标准逐步实施。对于这些规程、标准、规定要求配备的装备必须依法配备到位。

2.根据预案要求进行选择

应急预案是应急准备与行动的重要指南,因此,应急救援装备必须依照应急预案的要求进行选择配备。应急预案中需要配备的装备,有些可能明确列出,有些可能只是列出通用性要求。对于明确列出的装备直接照方抓药即可,而对于没有列出具体名称,只列出通用性要求的设备,则要根据要求,根据所需要的功能与用途进行认真选

定,不能有疏漏,以满足应急救援的实际需要。

3. 应急救援装备选购

应急救援的装备种类很多,价格差距往往也很大。在选购时,第一,要明确需求,从功能上正确选购。应急救援装备的功能要求,就是要求应急救援装备必须能完成预案所确定的任务。必须特别注意,对于同样用途的装备,会因使用环境的差异出现不同的功能要求,这就必须根据实际需要提出相应的特殊功能要求。如在高温潮湿的南方,在寒冷低温的北方,可燃气体监测仪、水质监测仪能否正常工作。许多情况下,应急装备都有其使用温度范围、湿度范围等限制,因此,在一些条件恶劣的特殊环境下,应该特别注意应急救援装备的适用性。第二,要考虑到使用的方便,从实用性上进行选购。第三,要保证性能稳定,质量可靠,从耐用性、安全性上选购。最后,要从经济性上选购。从价格和维护成本上货比三家,在满足需要的前提下,尽可能地少花钱,多办事。

4. 严禁采用淘汰类型的产品

应急救援装备像生活中的其他设备一样,都会经历一个产生、改进、完善的过程,在这个过程中,也可能出现因当初设计不合理,甚至存在严重缺陷而被淘汰的产品,对这些淘汰产品必须严禁采用。如果采用这些淘汰产品,极有可能在应急救援行动过程中,降低救援的效率,甚至引发不应发生的次生事故。

(二)应急救援装备的管理

危险化学品单位应明确专人对单位的应急救援装备进行管理。应急救援装备应存放在便于取用的固定场所,摆放整齐,不得随意摆放、挪作他用。应急救援装备应保持完好,随时处于备战状态;装备若有损坏或影响安全使用的,应及时修理、更换或报废。应急救援装备的使用人员,应接受相应的培训,熟悉装备的用途、技术性能及有关使用说明资料,并遵守操作规程。

为了更好地管理应急救援装备,危险化学品单位应建立应急救援装备的相关制度和记录,如应急救援装备清单、装备使用管理制度、装备测试检修制度、装备租用制度、装备管理等制度及装备调用和使用记录、装备检查维护、报废及更新等记录。

(三)应急装备检查维护

危险化学品单位应对应急救援装备经常进行检查及维护,保持救援装备随时可用的状态,要不然,就可能不仅造成装备因维护不当而损坏,同时,会因为装备不能正常使用,而延误事故救援。应急救援装备的检查维护,必须形成制度化、规范化。

应急装备的维护,主要包括两种形式。

1. 定期维护

根据说明书的要求,对有明确维护周期的,按照规定的维护周期和项目进行定期维护,如可燃气体监测仪的定期标定、泡沫灭火剂的定期更换、灭火器的定期水压试验等。

2. 日常随机维护

对于没有明确维护周期的装备,要按照产品说明书的说明,进行经常性的检查,严格按照规定进行管理。发现异常,及时处理。随时保证装备完好可用。

参考文献

《应急救援系列丛书》编委会,2008.危险化学品应急救援必读[M].北京:中国石化出版社.

《应急救援系列丛书》编委会,2008.应急救援基础知识[M].北京:中国石化出版社.

《应急救援系列丛书》编委会,2008.应急救援装备选择与使用[M].北京:中国石化出版社.

北京市达飞安全科技开发有限公司,2006.重特大事故应急救援预案编制实用指南[M].北京:煤炭工业出版社.

陈海群,王凯全,2005.危险化学品事故处理与应急预案[M].北京:中国石化出版社.

崔克清,2005.危险化学品安全总论[M].北京:化学工业出版社.

丁辉,2004.突发事故应急与本地化防范[M].北京:化学工业出版社.

樊运晓,2006.应急救援预案编制实务——理论.实践.实例[M].北京:化学工业出版社.

冯肇瑞,杨有启,1993.化工安全技术手册[M].北京:化学工业出版社.

高进东,吴宗之,1999.六城市重大危险源现状分析[J].劳动保护科学技术,19(4):24-26.

国家安全生产监督管理局安全科学技术研究中心,2004.危险化学品生产单位安全培训教程[M].北京:化学工业出版社.

蒋军成,虞汉华,2005.危险化学品安全技术与管理[M].北京:化学工业出版社.

李健,白晓昀,任正中,等,2014.2011—2013年我国危险化学品事故统计分析及对策研究[J].中国安全生产科学技术,10(6):142-147.

李立明,2003.危险化学品应急救援指南[M].北京:中国协和医科大学出版社.

李政禹,2006.国际化学品安全管理战略[M].北京:化学工业出版社.

刘茂,吴宗之,2004.应急救援概论——应急救援系统及计划[M].北京:化学工业出版社.

马良,杨守生,2005.危险化学品消防[M].北京:化学工业出版社.

彭晓红,1997.重大危险源计算机监控与预警系统[J].中国安全科学学报,7(增刊):20-25.

山东省安全生产监督管理局,2004.特大生产安全事故应急救援预案编制与实施[M].北京:煤炭工业出版社.

邵辉,王凯全,2005.危险化学品生产安全[M].北京:中国石化出版社.

孙玉叶,2009.化工安全技术与职业健康[M].北京:化学工业出版社.

孙玉叶,夏登友,2008.危险化学品事故应急救援与处置[M].北京:化学工业出版社.

王德堂,孙玉叶,2009.化工安全技术[M].天津:天津大学出版社.

王凯全,邵辉,袁雄军,2005.危险化学品安全评价方法[M].北京:中国石化出版社.

王罗春,何德文,赵由才,2006.危险化学品废物的处理[M].北京:化学工业出版社.

王群刚,2012.实用常见危险化学品急性危害应急救援手册[M].南京:东南大学出版社.

王玉元,王金波,肖爱民,1995.安全工程师手册[M].成都:四川人民出版社.

魏利军,多英全,吴宗之,2005.城市重大工业危险源安全规划方法及程序研究[J].中国安全生产科学技术,1(1):15-20.

刑娟娟,2006.事故现场救护与应急自救[M].北京:航空工业出版社.

刑娟娟,2008.企业事故应急救援与预案编制技术[M].北京:气象出版社.

杨书宏,2005.作业场所化学品的安全使用[M].北京:化学工业出版社.

虞汉华,蒋军成,2006.城市危险化学品事故应急救援预案的研究[J].中国安全科学学报,16(4):114.

虞汉华,虞谦,2005.大型城市重大危险源监管与应急救援体系的研究[J].中国安全科学学报,15(9):21-25.

岳茂兴,2005.危险化学品事故急救[M].北京:化学工业出版社.

张东普,董定龙,2005.生产现场伤害与急救[M].北京:化学工业出版社.

张广华,张海峰,万世波,2004.危险化学品生产安全技术与管理[M].北京:中国石化出版社.

赵庆贤,邵辉,2005.危险化学品安全管理[M].北京:中国石化出版社.

中国石油化工集团公司,2005.中国石化重特大事件应急预案[M].北京:中国石化出版社.

周长江,王同义,2004.危险化学品安全技术与管理[M].北京:中国石化出版社.

附录　危险化学品应急救援管理人员
培训及考核要求
（AQ/T 3043—2013）

1　范围

本标准规定了危险化学品应急救援管理人员的培训要求、培训内容、考核办法、考核要点、再培训内容及考核要求。

本标准适用于危险化学品应急救援管理人员的培训及考核。

2　规范性引用文件

下列文件对于本文件的应用是必不可少的。凡是注日期的引用文件，仅注日期的版本适用于本文件。凡是不注日期的引用文件，其最新版本（包括所有的修改单）适用于本文件。

GB 6944　危险货物分类和品名编号

GB 13690　化学品分类和危险性公示　通则

3　术语与定义

下列术语和定义适用于本文件。

3.1

应急响应　emergency response

事故灾难预警期或发生后，为最大限度地降低事故灾难的影响，有关组织或人员采取的应急行动。

3.2

应急救援　emergency rescue

在应急响应过程中，为消除、减少事故危害，防止事故扩大或恶化，最大限度地降低其可能造成的影响而采取的救援措施或行动。

3.3

危险化学品应急救援管理人员　　emergency rescue managers of

hazardous chemical accidents

（Ⅰ）政府部门危险化学品应急管理人员，（Ⅱ）危险化学品生产经营单位主要负责人、分管安全负责人和安全管理部门负责人，（Ⅲ）危险化学品应急救援队伍负责人。

4 培训要求

4.1 危险化学品应急救援管理人员应受安全培训，具备与所从事的应急救援活动相适应的应急救援理论和应急救援能力。

4.2 培训应按照有关安全生产培训的规定组织进行。

4.3 危险化学品应急救援管理人员的培训应坚持理论与实际相结合，注重对危险化学品应急救援管理人员应急救援理论和应急救援能力的综合培养，着力提高危险化学品应急救援管理人员危险化学品知识、应急救援专业技能和应急救援指挥、协调能力。

5 培训内容

5.1 应急管理概述

5.1.1 应急管理体系

我国应急管理体系主要内容包括：

a）应急管理法规体系；

b）应急管理组织体系；

c）应急管理预案体系；

d）应急管理运行机制；

e）应急管理保障机制。

5.1.2 安全生产应急管理工作重点

5.1.3 危险化学品应急管理

我国危险化学品应急管理主要内容包括：

a）危险化学品基本情况；

b）危险化学品安全生产；

c）危险化学品安全相关许可制度；

d）危险化学品安全隐患排查治理制度；

e）危险化学品安全标准化；

f）危险化学品安全费用提取制度。

5.2　化学品危险性基础知识

5.2.1　化学品危险性分类和危险化学品识别

5.2.1.1　化学品危险性分类见 GB 6944、GB 13690 有关内容。

5.2.1.2　危险化学品识别

5.2.2　化学品的物理危险及其事故类型

5.2.3　化学品的健康危险及其事故类型

5.2.4　化学品的环境危险及其事故类型

5.3　危险化学品应急处置

5.3.1　危险化学品应急处置原则

5.3.1.1　危险化学品应急处置基本程序

5.3.1.2　泄漏事故应急处置原则

5.3.1.3　火灾(爆炸)事故应急处置原则

5.3.1.4　防止化学品对环境污染危害

5.3.2　化学事故快速检测程序及手段

5.3.2.1　化学事故快速检测程序

5.3.2.2　化学事故现场快速检测器材及用途

5.3.3　危险化学品应急处置基本方法

5.3.3.1　爆炸品事故处置

5.3.3.2　压缩气体和液化气体事故处置

5.3.3.3　易燃液体事故处置

5.3.3.4　易燃固体、自燃物品事故处置

5.3.3.5　遇湿易燃物品事故处置

5.3.3.6　氧化剂和有机过氧化物事故处置

5.3.3.7　毒害品和感染性物品事故处置

5.3.3.8　腐蚀品事故处置

5.3.4　生产过程危险化学品应急处置

主要内容包括:

a)生产过程中装置和工艺的特点;

b)生产过程危险化学品事故的特点;

c)生产过程危险化学品事故的常见起因及后果;

d)生产装置危险化学品事故应急处置技术。

5.3.5　储存过程危险化学品应急处置

主要内容包括:

a)危险化学品储存的安全要求；

b)储存过程危险化学品事故的特点；

c)储存过程危险化学品事故的原因及后果；

d)储存过程危险化学品事故应急处置技术。

5.3.6 运输过程危险化学品应急处置

主要内容包括：

a)危险化学品运输的主要问题；

b)危险化学品运输安全要求；

c)危险化学品运输包装安全要求；

d)危险化学品运输事故的特点和事故的危害；

e)运输过程危险化学品事故的原因及后果；

f)运输过程危险化学品事故应急处置技术。

5.4 危险化学品应急防护与装备

5.4.1 危险化学品的防护及救护基本知识

5.4.1.1 危险化学品毒害性基本知识主要内容包括：

a)毒性物质的分类分级；

b)毒性物质的毒性作用。

5.4.1.2 危险化学品中毒救护基本知识主要内容包括：

a)中毒急救要领；

b)中毒急救治疗的一般原则；

c)常见毒性物质中毒急救措施；

d)常见毒性物质中毒急救用药。

5.4.2 应急救援个体防护

主要内容包括：

a)危险化学品事故对应急救援人员伤害的种类；

b)个体防护分级和个体防护装备的配备要求。

5.4.3 应急救援现场抢救与急救

5.4.3.1 窒息性气体中毒的现场急救主要内容包括：

a)窒息性气体的中毒机制及中毒症状；

b)现场防护原则和现场急救原则。

5.4.3.2 化学烧伤的现场抢救主要内容包括：

a)化学烧伤的特点、致伤机制及诊断要点；

b）化学烧伤的急救。

5.4.4　紧急避险与自救

主要内容包括：

a）灭火抢险救援中可能导致救援队员伤亡的常见情况；

b）灭火抢险救援中防护基本措施。

5.4.5　防护装备与器材

5.4.5.1 呼吸防护装备与器材主要内容包括：

a）呼吸防护装备的种类；

b）呼吸防护装备的选用；

c）呼吸防护装备的使用；

d）呼吸防护装备的维护保养。

5.4.5.2　其他防护装备与器材主要内容包括防护服、眼部防护用品、手脚部防护用品的种类、选用与维护。

5.4.5.3　消防员个人装备与器材主要内容包括常规装备、特种消防服的种类、选用与维护。

5.4.6　消防车

5.4.6.1　消防车的种类及其用途

5.4.6.2　涡喷消防车主要内容包括：

a）涡喷消防车的工作原理、涡喷消防车的灭火优势；

b）涡喷消防车在灭火救援中的应用；

c）我国涡喷消防车的主要性能及特点。

5.4.6.3　压缩空气泡沫消防车主要内容包括：

a）压缩空气泡沫消防车的基本原理；

b）压缩空气泡沫消防车的主要特点。

5.4.7　灭火剂

5.4.7.1　泡沫灭火剂主要内容包括：

a）泡沫灭火剂的种类；

b）常用泡沫灭火剂的灭火原理及适合应用的场所。

5.4.7.2　干粉灭火剂主要内容包括干粉灭火剂的种类、灭火原理。

5.4.7.3　细水雾灭火剂主要内容包括：

a）细水雾的定义和分类、细水雾的成雾原理；

b）细水雾灭火机理、细水雾灭火技术适用范围和应用场所。

5.4.8 消防水力排烟装备

5.4.8.1 消防水力排烟装备的特点及分类主要内容包括移动式排烟机、消防水枪、排烟消防车的特点及分类。

5.4.8.2 移动式排烟机的应用主要内容包括：

a)正压送风；

b)负压排风；

c)应用水力驱动排烟机排烟；

d)应用消防水枪排烟。

5.5 典型危险化学品应急处置

5.5.1 液化石油气事故处置

5.5.1.1 液化石油气的理化性质及危险特性

5.5.1.2 液化石油气事故处置方法主要包括泄漏处置、燃烧爆炸处置、中毒急救。

5.5.1.3 几种情况下液化石油气事故的处置主要包括：

a)民用液化石油气事故的处置；

b)生产单位液化石油气泄漏事故处置；

c)储罐液化石油气泄漏事故处置；

d)槽车液化石油气泄漏事故处置；

e)装置区域液化石油气泄漏事故的处置。

5.5.1.4 液化石油气事故应急救援案例分析及经验与教训

5.5.2 液化天然气事故处置

5.5.2.1 液化天然气的理化性质及危险特性

5.5.2.2 液化天然气事故处置方法主要包括：

a)扑救天然气火灾的主要措施；

b)灭火过程需注意的事项。

5.5.2.3 液化天然气事故应急救援案例分析及经验与教训

5.5.3 液氨事故处置

5.5.3.1 液氨的理化性质及危险特性

5.5.3.2 液氨的中毒与急救主要内容包括：

a)毒性及中毒机理；

b)接触途径及中毒症状；

c)急救措施。

5.5.3.3　液氨事故处置方法主要包括泄漏处置、燃烧爆炸处置。

5.5.3.4　液氨事故应急救援案例分析及经验与教训

5.5.4　液氯事故处置

5.5.4.1　氯气的理化性质及危险特性

5.5.4.2　氯气中毒与急救主要内容包括：

a)毒性及中毒机理；

b)接触途径及中毒症状；

c)急救措施。

5.5.4.3　氯气事故处置方法主要包括：

a)氯气泄漏事故发生的原因；

b)泄漏处置、燃烧爆炸处置。

5.5.4.4　氯气事故应急救援案例分析及经验与教训

5.5.5　常用异氰酸酯事故处置

主要包括：

a)异氰酸酯的种类及其毒性；

b)常用异氰酸酯的理化性质及危险特性；

c)常用异氰酸酯中毒与急救；

d)常用异氰酸酯事故处置方法。

5.5.6　硫酸二甲酯事故处置

5.5.6.1　硫酸二甲酯的理化性质及危险特性

5.5.6.2　硫酸二甲酯的急性毒性效应主要包括眼损伤、呼吸道损伤、皮肤灼伤、对全身的影响。

5.5.6.3　硫酸二甲酯的中毒急救主要包括临床表现与诊断、治疗处理。

5.5.6.4　硫酸二甲酯事故处置方法主要包括泄漏处置、火灾处置。

5.5.6.5　硫酸二甲酯事故应急救援案例分析及经验与教训

5.5.7　氰化物事故处置

5.5.7.1　氰化物的种类及其毒性主要包括：

a)氰化物的种类；

b)氰化物对人的毒性；

c)氰化物对水生物的毒害；

d)氰化物对植物的作用。

5.5.7.2 氰化物的理化性质及危险特性主要包括：

a)氢氰酸的理化性质、危险特性；

b)氢氰酸盐的理化性质、危险特性；

c)丙烯腈的理化性质、危险特性。

5.5.7.3 氰化物的洗消

5.5.7.4 氰化物中毒与急救主要包括：

a)接触途径；

b)中毒症状；

c)应急处理。

5.5.7.5 氰化物事故处置方法主要包括：

a)氰化物水上泄漏处置；

b)氰化物陆上泄漏处置；

c)丙烯腈陆上泄漏处置、火灾处置。

5.5.7.6 氰化物事故应急救援案例分析及经验与教训

5.5.8 电石事故处置

5.5.8.1 电石的主要性质及危险特性

5.5.8.2 电石事故处置方法主要包括：

a)泄漏处置；

b)灭火方法；

c)急救措施。

5.5.8.3 电石事故应急救援案例分析及经验与教训

5.5.9 硝酸事故处置

5.5.9.1 硝酸的理化性质及危险特性

5.5.9.2 硝酸的中毒与急救主要包括：

a)中毒机理；

b)中毒的急救措施；

c)个人防护。

5.5.9.3 硝酸事故处置方法主要包括泄漏处置、火灾处置。

5.5.9.4 硝酸事故应急救援案例分析及经验与教训

5.5.10 硫酸事故处置

5.5.10.1 硫酸的理化性质及危险特性

5.5.10.2 硫酸的中毒与急救主要包括：

a)中毒机理；

b)中毒的急救措施；

c)个人防护。

5.5.10.3   硫酸事故处置方法主要包括泄漏处置、火灾处置。

5.5.10.4   硫酸事故应急救援案例分析及经验与教训

5.5.11   盐酸事故处置

5.5.11.1   盐酸的理化性质及危险特性

5.5.11.2   盐酸的中毒与急救主要包括：

a)中毒与急救；

b)个人防护。

5.5.11.3   盐酸事故处置主要包括泄漏处置。

5.5.11.4   盐酸事故应急救援案例分析及经验与教训

5.5.12   硫化氢事故处置

5.5.12.1   硫化氢的理化性质及危险特性

5.5.12.2   硫化氢的中毒与急救主要包括：

a)接触途径；

b)中毒症状；

c)中毒机理；

d)急救措施。

5.5.12.3   硫化氢事故处置方法主要包括：

a)泄漏处置；

b)燃烧爆炸处置。

5.5.12.4   硫化氢事故应急救援案例分析及经验与教训

5.6   实践能力

按照安全生产事故应急预案的要求，针对实际生产、储存和运输过程危险化学品事故应急救援案例，结合理论课所掌握的知识，采取多种演练方法，如模拟实战演练，提高学员的应急救援指挥、协调能力和事故应急处置能力。

5.7   再培训要求与内容

5.7.1   再培训要求

5.7.1.1   凡已取得危险化学品应急救援资格证的危险化学品应急救援管理人员，若继续从事原岗位工作的，在资格证书有效期内，每年应进行一次再培训。

5.7.1.2　再培训应按照有关安全生产培训的规定组织进行。

5.7.2　再培训内容

a)有关危险化学品安全生产、应急管理等方面的法律、法规、规章、标准和政策。

b)危险化学品应急救援的新理论、新技术和新方法。

c)重大危险化学品事故应急救援典型案例的经验与教训。

5.8　学时安排

5.8.1　危险化学品应急救援管理人员的培训时间不少于48学时，见表1。

5.8.2　危险化学品应急救援管理人员的再培训时间不少于16学时，见表1。

表1　危险化学品应急救援管理人员培训课时安排

项　目		培　训　内　容	学　　时		
			（Ⅰ）	（Ⅱ）	（Ⅲ）
培训	第一单元	我国应急管理体系主要内容	6	2	1
		安全生产应急管理工作重点和现状	6	2	1
	第二单元	化学品危险性分类和危险化学品识别	2	2	2
		化学品的物理、健康和环境危险及其事故类型	5	5	5
	第三单元	危险化学品应急处置原则	2	2	2
		化学事故快速检测程序及手段	2	2	2
		危险化学品应急处置基本方法	2	2	2
		生产、储存和运输过程危险化学品应急处置	2	2	2
	第四单元	危险化学品的防护及救护知识	1	2	2
		应急救援个体防护、现场抢救与急救	1	2	2
		紧急避险与自救	1	2	2
		防护装备与器材	1	2	2
		消防车、灭火剂、消防水力排烟装备	1	2	2
	第五单元	典型危险化学品应急处置技术	3	6	8
	第六单元	实践能力	8		

续表

项 目	培 训 内 容	学 时		
		（Ⅰ）	（Ⅱ）	（Ⅲ）
培训	复习	2		
	基础知识考试	2		
	实际能力考核	1		
	合 计	48		
再培训	有关危险化学品安全生产、应急管理等方面的法律、法规、规章、标准和政策。 危险化学品应急救援的新理论、新技术和新方法。 重大危险化学品事故应急救援典型案例的经验与教训。	12		
	复习	2		
	考试	2		
	合 计	16		

6 考核标准

6.1 考核办法

6.1.1 危险化学品应急救援管理人员培训考核的内容应符合本标准的要求。

6.1.2 考核分为基础知识考试和实际应用能力考核两部分。经基础知识考试合格后，方可进行实际应用能力考核。

6.1.3 基础知识考试试题类型分为填空题、简答题和论述题。按填空题 30 分、简答题 50 分、论述题 20 分确定试卷内容。满分为 100 分，60 分以上为合格。考试时间为 120 分钟。

6.1.4 实际应用能力考核应通过对模拟事故应急救援或完善实际事故应急救援过程的能力，采取笔试考核或面试答辩等方式进行。考核成绩评定为优、良、合格、不合格。考试时间为 60 分钟。

6.1.5 考核要点的深度分为了解、熟悉和掌握三个层次，三个层次由低到高，高层次的要求包含低层次的要求。

了解：能正确理解本标准所列知识的含义、内容并能够应用。

熟悉:对本标准所列知识有较深的认识,能够分析、解释并应用相关知识解决问题。

掌握:对本标准所列知识有全面、深刻的认识,能够综合分析、解决较为复杂的问题。

6.2 政府部门危险化学品应急管理人员考核

6.2.1 基础知识考试

基础知识考试主要包括应急管理、化学品危险性基础知识、危险化学品应急处置、危险化学品应急防护与装备、典型危险化学品应急处置等内容,要求如下:

a)应急管理

1)熟悉国家应急管理法规、应急管理体制、应急预案体系、应急运行机制、应急保障体系。

2)熟悉危险化学品应急管理工作的现状和管理重点。

b)化学品危险性基础知识

1)熟悉化学品危险性分类和危险化学品识别。

2)熟悉化学品的物理、健康和环境危险特性及其事故类型。

c)危险化学品应急处置

1)掌握危险化学品应急救援的基本任务、应急处置的基本程序和应急处置原则。

2)熟悉危险化学品泄漏事故应急处置原则。

3)熟悉危险化学品火灾(爆炸)事故应急处置原则。

4)熟悉各类危险化学品事故的基本处置方法。

5)了解生产装置及工艺的特点、生产过程常见的事故类型及特点、生产过程危险化学品事故的常见起因及导致的后果。

6)了解生产过程危险化学品应急处置方法。

7)了解危险化学品储存的安全要求。

8)了解储存过程危险化学品事故的特点。

9)了解储存过程危险化学品事故的常见起因及导致的后果。

10)了解储存过程危险化学品应急处置方法。

11)了解危险化学品运输的安全要求。

12)了解危险化学品运输包装的安全要求。

13)了解运输过程危险化学品事故特点及事故危害。

14)了解运输过程危险化学品事故的常见起因及导致的后果。

15)了解运输过程危险化学品应急处置方法。

d)危险化学品应急防护与装备

1)了解化学品毒性的分类、毒物侵入人体的途径及危害。

2)了解中毒急救要领、急救治疗的一般原则,熟悉常见毒物中毒急救措施和急救用药。

3)了解危险化学品事故对应急救援人员的危害,熟悉个体防护装置的配备要求。

4)了解化学烧伤、窒息性气体中毒的现场急救知识。

5)了解在灭火抢险救援中自我防护的基本措施。

6)了解个人防护装备与器材的种类、使用和维护保养。

7)了解消防车的种类及其用途。

8)了解涡喷消防车的工作原理、灭火优势、涡喷消防车在灭火救援中的应用。

9)了解压缩空气泡沫消防车的基本原理、主要特点。

10)了解泡沫灭火剂的种类,熟悉常用泡沫灭火剂的灭火原理和应用范围。

11)了解干粉灭火剂的种类、灭火原理、应用范围。了解超细干粉灭火剂的灭火原理及优良性能。

12)了解细水雾的成雾原理、灭火机理、适用范围和应用场所。

13)了解消防水力排烟装备的特点及其应用。

e)典型危险化学品应急处置

1)了解液化石油气的理化性质、危险特性及其事故处置方法。

2)了解液化天然气的理化性质、危险特性及其事故处置方法。

3)了解液氨的理化性质、危险特性、中毒与急救及其事故处置方法。

4)了解氯气的理化性质、危险特性、中毒与急救及其事故处置方法。

5)了解常用异氰酸酯的理化性质、危险特性、中毒与急救及其事故处置方法。

6)了解硫酸二甲酯的理化性质、危险特性、中毒与急救及其事故处置方法。

　　7)了解氰化物的理化性质、危险特性、中毒与急救及其事故处置方法。

　　8)了解电石的主要性质、危险特性及其事故处置方法。

　　9)了解硝酸的理化性质、危险特性、中毒与急救及其事故处置方法。

　　10)了解硫酸的理化性质、危险特性、中毒与急救及其事故处置方法。

　　11)了解盐酸的理化性质、危险特性、中毒与急救及其事故处置方法。

　　12)了解硫化氢的理化性质、危险特性、中毒与急救及其事故处置方法。

6.2.2　实际应用能力考核

实际应用能力考核要求如下：

a)能正确指挥、协调危险化学品应急救援工作。

b)能正确制定危险化学品应急救援方案。

c)能有效开展危险化学品应急救援工作。

6.2.3　再培训考核

再培训考核要求如下：

a)熟悉、掌握有关危险化学品安全生产、应急管理等方面的法律、法规、规章、标准和政策。

b)了解、熟悉危险化学品应急救援的新理论、新技术和新方法。

c)了解重大危险化学品事故应急救援典型案例的经验与教训。

6.3　危险化学品生产经营单位主要负责人、分管安全负责人和安全管理部门负责人考核

6.3.1　基础知识考试

基础知识考试主要包括应急管理、化学品危险性基础知识、危险化学品应急处置、危险化学品应急防护与装备、典型危险化学品应急处置等内容，要求如下：

a)应急管理

　　1)了解国家应急管理法规、应急管理体制、应急预案体系、应急运行机制、应急保障体系。

　　2)了解危险化学品应急管理工作的现状和管理重点。

b)化学品危险性基础知识

1)熟悉化学品危险性分类和危险化学品识别。

2)熟悉化学品的物理、健康和环境危险特性及其事故类型。

c)危险化学品应急处置

1)掌握危险化学品应急救援的基本任务、应急处置的基本程序和应急处置原则。

2)熟悉危险化学品泄漏事故应急处置原则。

3)熟悉危险化学品火灾(爆炸)事故应急处置原则。

4)熟悉各类危险化学品事故的基本处置方法。

5)熟悉生产装置及工艺的特点、生产过程常见的事故类型及特点、生产过程危险化学品事故的常见起因及导致的后果。

6)熟悉生产过程危险化学品应急处置方法。

7)熟悉危险化学品储存的安全要求。

8)熟悉储存过程危险化学品事故的特点。

9)熟悉储存过程危险化学品事故的常见起因及导致的后果。

10)熟悉储存过程危险化学品应急处置方法。

11)熟悉危险化学品运输的安全要求。

12)熟悉危险化学品运输包装的安全要求。

13)熟悉运输过程危险化学品事故特点及事故危害。

14)熟悉运输过程危险化学品事故的常见起因及导致的后果。

15)熟悉运输过程危险化学品应急处置方法。

d)危险化学品应急防护与装备

1)熟悉掌握化学品毒性的分类、毒物侵入人体的途径及危害。

2)熟悉中毒急救要领、急救治疗的一般原则,以及常见毒物中毒急救措施和急救用药。

3)熟悉危险化学品事故对应急救援人员的危害,掌握个体防护装置的配备要求。

4)熟悉化学烧伤、窒息性气体中毒的现场急救知识。

5)掌握在灭火抢险救援中自我防护的基本措施。

6)熟悉个人防护装备与器材的种类、使用和维护保养。

7)了解消防车的种类及其用途。

8)了解涡喷消防车的工作原理、灭火优势、涡喷消防车在灭火救援中的应用。

9)了解压缩空气泡沫消防车的基本原理、主要特点。

10)熟悉泡沫灭火剂的种类,熟悉常用泡沫灭火剂的灭火原理和应用范围。

11)熟悉干粉灭火剂的种类、灭火原理、应用范围。了解超细干粉灭火剂的灭火原理及优良性能。

12)了解细水雾的成雾原理、灭火机理、适用范围和应用场所。

13)了解消防水力排烟装备的特点及其应用。

e)典型危险化学品应急处置

1)熟悉液化石油气的理化性质、危险特性及其事故处置方法。

2)熟悉液化天然气的理化性质、危险特性及其事故处置方法。

3)熟悉液氨的理化性质、危险特性、中毒与急救及其事故处置方法。

4)熟悉氯气的理化性质、危险特性、中毒与急救及其事故处置方法。

5)熟悉常用异氰酸酯的理化性质、危险特性、中毒与急救及其事故处置方法。

6)熟悉硫酸二甲酯的理化性质、危险特性、中毒与急救及其事故处置方法。

7)熟悉氰化物的理化性质、危险特性、中毒与急救及其事故处置方法。

8)熟悉电石的主要性质、危险特性及其事故处置方法。

9)熟悉硝酸的理化性质、危险特性、中毒与急救及其事故处置方法。

10)熟悉硫酸的理化性质、危险特性、中毒与急救及其事故处置方法。

11)熟悉盐酸的理化性质、危险特性、中毒与急救及其事故处置方法。

12)熟悉硫化氢的理化性质、危险特性、中毒与急救及其事故处置方法。

6.3.2　实际应用能力考核

实际应用能力考核要求如下:

a)能正确指挥、协调危险化学品应急救援工作。

b)能正确制定危险化学品应急救援方案。

c)能有效开展危险化学品应急救援工作。

6.3.3 再培训考核

再培训考核要求如下：

a)了解有关危险化学品安全生产、应急管理等方面的法律、法规、规章、标准和政策。

b)了解、熟悉危险化学品应急救援的新理论、新技术和新方法。

c)了解重大危险化学品事故应急救援典型案例的经验与教训。

6.4 危险化学品应急救援队伍负责人考核

6.4.1 基础知识考试

基础知识考试主要包括应急管理、化学品危险性基础知识、危险化学品应急处置、危险化学品应急防护与装备、典型危险化学品应急处置等内容，要求如下：

a)应急管理

　　1)了解国家应急管理法规、应急管理体制、应急预案体系、应急运行机制、应急保障体系。

　　2)了解危险化学品应急管理工作的现状和管理重点。

b)化学品危险性基础知识

　　1)熟悉化学品危险性分类和危险化学品识别。

　　2)熟悉化学品的物理、健康和环境危险特性及其事故类型。

c)危险化学品应急处置

　　1)掌握危险化学品应急救援的基本任务、应急处置的基本程序和应急处置原则。

　　2)掌握危险化学品泄漏事故应急处置原则。

　　3)掌握危险化学品火灾(爆炸)事故应急处置原则。

　　4)掌握各类危险化学品事故的基本处置方法。

　　5)熟悉生产装置及工艺的特点、生产过程常见的事故类型及特点、生产过程危险化学品事故的常见起因及导致的后果。

　　6)掌握生产过程危险化学品应急处置方法。

　　7)熟悉危险化学品储存的安全要求。

　　8)熟悉储存过程危险化学品事故的特点。

9)熟悉储存过程危险化学品事故的常见起因及导致的后果。

10)掌握储存过程危险化学品应急处置方法。

11)熟悉危险化学品运输的安全要求。

12)熟悉危险化学品运输包装的安全要求。

13)熟悉运输过程危险化学品事故特点及事故危害。

14)熟悉运输过程危险化学品事故的常见起因及导致的后果。

15)掌握运输过程危险化学品应急处置方法。

d)危险化学品应急防护与装备

1)熟悉化学品毒性的分类、毒物侵入人体的途径及危害。

2)熟悉中毒急救要领、急救治疗的一般原则,熟悉常见毒物中毒急救措施和急救用药。

3)熟悉危险化学品事故对应急救援人员的危害,掌握个体防护装置的配备要求。

4)熟悉化学烧伤、窒息性气体中毒的现场急救知识。

5)掌握在灭火抢险救援中自我防护的基本措施。

6)掌握个人防护装备与器材的使用和维护保养。

7)熟悉消防车的种类及其用途。

8)熟悉涡喷消防车的工作原理、灭火优势、涡喷消防车在灭火救援中的应用。

9)熟悉压缩空气泡沫消防车的基本原理、主要特点。

10)熟悉泡沫灭火剂的种类,熟悉常用泡沫灭火剂的灭火原理和应用范围。

11)熟悉干粉灭火剂的种类、灭火原理、应用范围。了解超细干粉灭火剂的灭火原理及优良性能。

12)熟悉细水雾的成雾原理、灭火机理、适用范围和应用场所。

13)熟悉消防水力排烟装备的特点及其应用。

e)典型危险化学品应急处置

1)熟悉液化石油气的理化性质、危险特性,掌握其事故处置方法。

2)熟悉液化天然气的理化性质、危险特性,掌握其事故处置方法。

3)熟悉液氨的理化性质、危险特性、中毒与急救,掌握其事故处置方法。

4)熟悉氯气的理化性质、危险特性、中毒与急救,掌握其事故处置方法。

5)熟悉常用异氰酸酯的理化性质、危险特性、中毒与急救,掌握其事故处置方法。

6)熟悉硫酸二甲酯的理化性质、危险特性、中毒与急救,掌握其事故处置方法。

7)熟悉氰化物的理化性质、危险特性、中毒与急救,掌握其事故处置方法。

8)熟悉电石的主要性质、危险特性,掌握其事故处置方法。

9)熟悉硝酸的理化性质、危险特性、中毒与急救,掌握其事故处置方法。

10)熟悉硫酸的理化性质、危险特性、中毒与急救,掌握其事故处置方法。

11)熟悉盐酸的理化性质、危险特性、中毒与急救,掌握其事故处置方法。

12)熟悉硫化氢的理化性质、危险特性、中毒与急救,掌握其事故处置方法。

6.4.2　实际应用能力考核

实际应用能力考核要求如下:

a)能正确指挥、协调危险化学品应急救援工作。

b)能正确制定危险化学品应急救援方案。

c)能有效开展危险化学品应急救援工作。

6.4.3　再培训考核

再培训考核要求如下:

a)了解有关危险化学品安全生产、应急管理等方面的法律、法规、规章、标准和政策。

b)熟悉、掌握危险化学品应急救援的新理论、新技术和新方法。

c)了解重大危险化学品事故应急救援典型案例的经验与教训。